시간의 물리학

SF가 상상하고 과학이 증명한 시간여행의 모든 것

John Gribbin

Nine Musings on Time:
Science Fiction, Science Fact, and the Truth About Time Travel

시간의 물리학

존 그리빈 지음 김상훈 옮김

일러두기

- 외래어 표기는 국립국어원 한국어 어문 규범을 따랐다.
- 원서의 이탤릭체는 굵은 글씨로 강조했다.
- 본문 주석 중 '—옮긴이 주' 표시가 없는 것은 모두 원저자 존 그리빈의 것이다.
- 본문의 모든 인용은 옮긴이가 새로 번역한 것이다.
- 본문의 〔 〕은 이해를 돕기 위해 옮긴이 및 저자가 추가한 설명이다.

시간의 중요성을 잘 아는 테리사에게

아홉 뮤즈에 관한 고찰

처음 책을 읽기 시작한 뒤로 시간여행은 줄곧 나를 매료했다. 원래는 "처음 SFscience fiction를 읽기 시작한 뒤로"라고 쓰려고 했지만, 어차피 내가 가장 먼저 읽은 책이 쥘 베른Jules Verne의 《해저 2만 리외•》와 허버트 조지 웰스Herbert George Wells의 《타임머신》 같은 SF들이다. 곧 나는 아서 C. 클라크Arthur C. Clarke와 아이작 아시모프Isaac Asimov의 소설을 닥치는 대로 찾아 읽었고, SF 잡지 《아날로그Analog》의 전신이자 존 W. 캠벨 주니어John W. Campbell Jr.••가 편집장으로 활약하던 시절의 《어스타운딩Astounding》•••도 매달 꼬

• 당시 쓰이던 프랑스의 거리 단위 '리외(lieue)'는 미터법으로 환산하면 4킬로미터가 되며, '해저 2만 리'라는 제목은 오래된 일본어 번역판을 한국어로 기계적으로 중역하는 과정에서 발생한 오역이다. 일본의 리(里)는 약 3.9킬로미터이므로 리외와 크게 차이나지 않지만, 조선의 리는 약 0.4킬로미터였기 때문이다—옮긴이 주.

•• 1938년부터 약 30년에 걸쳐 미국 SF의 황금 시대를 일군 명편집장이자 SF 작가—옮긴이 주.

••• 100년에 이르는 긴 역사를 가진 《어스타운딩》은 그보다 긴 이름으로 개명한 적이 몇 번 있었지만 잡지 제호 앞에는 언제나 '어스타운딩'이 붙었고, 1960년에 현재의 《아

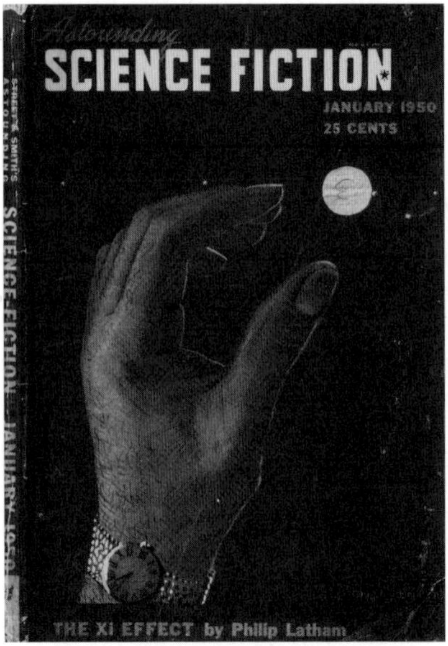

그림 1 존 W. 캠벨 주니어가 편집장으로 일하던 당시의 1950년 1월 제44권 제5호《어스타운딩》표지.

박꼬박 사 봤다.《어스타운딩》의 최대 장점 중 하나는 호마다 빠짐없이 실려 있던 과학 기사였는데, 실제 과학적 발견을 수록한 이 코너에 SF 독자들은 큰 흥미를 느꼈다. 알다시피 베른, 웰스, 클라크, 아시모프를 위시한 SF 작가들의 작품 상당수에는 진짜 과학real science 이야기가 들어가 있으며,《어스타운딩》과 더불어 나의 개인적인 뮤즈가 되어준 것은 바로 이들이었다. 때로는 소

날로그》로 변신했다. 편의상 이 책에서는《어스타운딩》으로 통일했음을 밝힌다.

설보다 기이한 과학적 발견에 관한 글을 쓰는 것을 내 천직으로 삼은 것도, (급기야) 과학에 입각한 소설을 쓰기 시작한 것도 따지고 보면 이 뮤즈들로부터 영감을 얻었기 때문이다. 그런 연유로, 《어스타운딩》에 내가 쓴 단편이 처음 실린 날은 내 저술 인생에서 최고의 순간 중 하나였다. 캠벨 편집장은 이미 오래전에 작고한 뒤였지만 말이다.

저술가로서 활동하면서 나는 시간이나 시간여행이라는 주제를 거듭해서 다뤄왔고, 그런 글들을 하나의 태피스트리로 엮어내면 좋을 거라는 생각이 들었다. 이 책은 이미 발표한 글들을 재수록한 것이 아니라 내가 그런 주제에 관해 써왔던 논의들을 새롭게 정리한 것이다. 개중에는 독자들에게 이미 익숙한 것들도 있겠지만 현대 과학의 최신 성과가 반영된 새롭고 놀라운 정보도 포함되어 있다. 그런 과정을 통해 전체가 부분의 합보다 커졌다면 나로서는 더 바랄 것이 없으며, 이 책을 쓰는 과정은 《어스타운딩》에 내 첫 단편이 실렸을 때와 맞먹을 정도로 즐거웠다는 점을 덧붙인다.

이 책의 기본 구조는 내가 앞서 말한 다섯 뮤즈에게서 영감을 받았다는 사실에 기인한다. 그리스 신화에는 클레이오Kleio, 에우테르페Euterpe, 탈리아Thalia, 멜포메네Melpomene, 테르프시코레Terpsichore, 에라토Erato, 폴리힘니아Polyhymnia, 우라니아Urania, 칼리오페Calliope라는 아홉 뮤즈가 등장하는데, 이들은 과학과 문학과 예

그림 2 천문학의 뮤즈, 우라니아. 기억의 여신 므네모시네와 제우스 사이에서 난 아홉 명의 뮤즈 자매 중 한 명이다. 손에는 지구와 컴퍼스를 쥐고 있으며, 두 눈은 하늘을 바라보는 모습으로 묘사된다.

술 전반을 관장하는 여신이다. 만약 이들 중에서 내 뒤를 봐준 여신이 있었다면, 필시 천문학의 창시자이자 천문 저술의 뮤즈인 우라니아였을 것이다.

그러나 뮤즈들은 모두 다재다능했고, 지금도 그럴 가능성이 있다. 그중 두 명은 학습 이론을 창시했고, 세 명은 음향 진동을 발견했으며, 네 명은 고대 그리스의 네 가지 방언을 고안했고, 다섯 명은 인간의 오감을 찾아냈다. 그들이 낸 성과가 아홉 가지를 훌쩍 넘어서는 이유는 각자가 여러 역할을 수행했기 때문이다. 사실 그들의 업적을 더 열거할 수도 있다. 일곱 명은 고대 현악기인 리라의 일곱 현을 발명했고, 천구의 일곱 영역을 찾아냈으며, 고대인들이 알고 있던 일곱 행성을 발견했고, 그리스어 알파벳의 일곱 모음을 창시했다. 나는 그런 그들에게 공물을 바치는 마음으로 시간, 특히 시간여행에 관한 고찰을 (모든 것을 다섯 주제에 집어넣는 것은 불가능했으므로) 아홉 개의 핵심 주제로 나눠서 정리했다. 이 책《시간의 물리학: SF가 상상하고 과학이 증명한 시간여행의 모든 것》은 그 결과물이다.

2022년 4월

존 그리빈

차례

"오라, 그대여.
현재와 미래와 과거의 모든 일들을 망라한 노래로
올림포스에서 군림하는 아버지 제우스의
위대한 정신을 기쁘게 하는
뮤즈 여신들의 이야기를 들려주겠노라."

— 헤시오도스Hēsíodos, 《신통기Theogonía》

"인간이 호기심을 느끼고, 철학하기 시작한 이유는
그들이 느낀 경이로움에서 비롯되었다.
처음에는 가까운 자연 현상에 대한 고민이 주를 이뤘지만,
이해가 조금씩 더 깊어지면서 점점 더 거대한 문제,
이를테면 달과 태양과 별들의 천체 운동이라든지
우주의 기원 따위에 관해 고찰하기 시작했다."

— 아리스토텔레스Aristotélēs, 《형이상학Metaphysica》

서론

시간여행은 '그저 SF에서나 가능한' 공상이 아니다

"시간은 쏜살같이 날아가지만, 과일은 바나나처럼 날아간다."•

— **테리 워건**Terry Wogan

SF 소설 중에는 오로지 실제 과학만을 다루면서도 작중 사건은 가상의 시대나 장소에서 일어나는 방식의 작품이 존재한다. 내가 가장 즐겨 드는 예 중 하나는 존 윈덤John Wyndham••의 《외계를 향한 동경The Outward Urge》인데, 인류의 태양계 탐사를 위한 청사진을 담은 작품이다. 이런 책들의 정반대에는 SF와 판타지 사

• Time flies like an arrow—but fruit flies like a banana. 뒤쪽 구절을 "초파리들(fruit flies)은 바나나를 좋아한다"라고도 해석할 수 있다는 점에 착안한 말장난이다. 해석 차이가 발생하는 것은 이 문장이 의도적으로 모호하고 다중적인 통사 구조를 가지고 있기 때문이다—옮긴이 주.

•• 원래는 루카스 파크스(Lucas Parkes)라는 필명으로 출판되었는데, 존 윈덤 파크스 루카스 베니언 해리스라는 길고 멋들어진 본명을 가지고 있었던 윈덤은 이 이름을 변형한 몇 가지 필명을 쓴 것으로 알려진다.

이의 모호한 경계면에 자리 잡은 작품이 있는데, 아서 C. 클라크도 이따금 그런 영역으로 진출한 적이 있었다. 클라크 본인은 다음처럼 말한 적이 있다. "SF는 실제로 일어날 수 있는 사건을 다루지만, 보통 우리는 그런 사건이 실제로 일어나는 것을 원하지 않는다. 반면 판타지는 일어날 수 없는 사건을 다루지만, 독자인 우리는 내심 그런 일이 일어나기를 원하기 마련이다." 상당히 재치 있는 이야기지만, 판타지에 관한 그의 지적에는 조금 의문이 남는다. 《반지의 제왕》이 판타지 장르의 원형을 제공한 고전임에도 작중 인물들이 겪는 온갖 고난을 실제로 경험하고 싶은 독자는 그리 많지 않을 것이기 때문이다. 그러나 《반지의 제왕》은 대다수의 독자들이 SF와 판타지 사이에 펼쳐진 영역의 어떤 지점에 시간여행을 두고 있는지를 뚜렷하게 부각시켜준다.

SF의 단골 소재인 우주여행은 설령 그에 필요한 추진 기술이 아직 실용화되지 않았거나 실용화될 가망이 없다고 해도 실현 가능하다는 점에는 변함이 없다. 반면 시간여행은 누가 보더라도 실현될 가능성이 없는 개념이다. 설령 우리가 원한다고 해도 말이다. 정말로 그럴까? 나는 이 책에서 시간여행은 물리법칙에 의해 금지되어 있지 않다는 점을 밝힐 작정인데, 금지되지 않는 것은 당연히 실현 가능하다. 이것은 나 혼자만의 의견이 아니다. 옥스퍼드대학교의 물리학자인 데이비드 도이치David Deutsch는 다음과 같이 말한 적이 있다. "나는 언젠가는 시간여행이 실현될 것이라고 생각한다. 어떤 현상이 물리학의 가장 중요한 법칙들에 반하지 않다는 사실이 판명될 경우, 보통 우리는 그것을 실현할 수 있는 기술적인 수단을 기어이 찾아냈기 때문이다."

시간여행은 판타지가 아니지만, 그저 SF라고만 할 수도 없다. 시간여행은 우주여행과 마찬가지로 SF의 가장 흔한 소재로 쓰여왔다. 우주여행과 마찬가지로 진지한 과학 이론으로서 (당연하게도) 과학자들의 면밀한 검토 대상이 되었고, (의외일지도 모르지만) 그 가능성을 두고 진지한 과학 실험이 이루어진 적도 여러 번 있다. 따라서 시간여행을 '그저 SF에서나 가능한 공상'으로 치부하는 사람은 과학적인 맥락에서 틀렸을 뿐만 아니라 SF라는 장르에 심각한 무지를 드러낸 것이다. 왜냐하면 SF 작가들이 제시한 시간여행이 과학 논문이 콕 집어내지 못한 과학적 진실을 부각시킨 경우는 결코 드물지 않기 때문이다. 이 책의 〈5단계: 회전하는 원통과 전역 인과율 위반 가능성〉에서 언급된 작품이 훌륭한 예다. 그러나 본격적인 이야기로 들어가기 전에, 우선 시간여행을 실현 가능하게 해줄 시간과 공간의 풍경을 제시할 필요가 있다.

1단계

시간과 공간은 유연한 시공간을 구성한다

"어떤 의미에서 중력은 존재하지 않는다.
행성과 별들을 움직이는 것은 중력이 아니라 시공간의 왜곡이다."
— **미치오 카쿠**Michio Kaku

1905년에 발표된 특수상대성이론을 통해 처음으로 시간을 네 번째 차원인 '4차원'으로 묘사한 인물이 알베르트 아인슈타인Albert Einstein이라는 것은 '누구나 아는' 상식이다. 그러나 그런 상식은 틀렸다. 그것도 두 가지 의미에서.

그보다 10년 전인 1895년, 허버트 조지 웰스의 고전《타임머신》이 처음으로 책의 형태로 출간되었다. 웰스는 책에서 "공간의 세 차원과 시간은 다르지 않으며, 유일한 차이점은 우리 인간의 의식意識이 시간을 따라 움직인다는 점이다"라고 단언했다. 웰스는 여기서 그치지 않고 우리가 3차원적으로 지각하는 정육면체 같은 물체가 실제로는 시간 축을 따라 뻗어나가는 고정된

> “시간이 존재하는 유일한 이유는 모든 일이 한꺼번에 일어나지 않게 하기 위해서다.
>
> — 알베르트 아인슈타인

현상이며, 길이와 너비와 높이와 지속성이라는 네 개의 차원을 가지고 있다고 설명했다. 심지어 1905년 아인슈타인은 시간을 ‘4차원’으로 묘사하지도 않았다. 4차원이라는 개념을 실제로 특수상대성이론에 도입한 사람은 1908년 독일 쾰른에서 열린 학술대회 강연자였던 수학자 헤르만 민코프스키Hermann Minkowski였다. 민코프스키는 취리히연방공과대학교에서 아인슈타인을 가르친 교수 중 한 명이었는데, 그가 제자인 아인슈타인을 두고 “수학에 전혀 관심이 없는 타고난 게으름뱅이”라고 평한 일화는 유명하다. 그러나 민코프스키는 문제의 게으름뱅이가 특수상대성이론을 통해 모종의 탁월한 업적을 이루었다는 사실을 가장 먼저 간파한 학자들 중 한 명이었다. 쾰른 강연의 도입부에서 민코프스키는 이렇게 말했다.

> 제가 여러분에게 제시하려는 공간과 시간에 관한 관점은 실험물리학의 토양에서 싹튼 것이고, 이 관점의 강점은 바로 여기에 있습니다. 이 견해는 급진적입니다. 앞으로 공간 자체와 시간 자체는 한낱 그림자처럼 사라질 운명이고, 오직 이 둘의 결합만이 독립적인 실체를 유지하게 될 것입니다.

이 결합은 곧 시공간spacetime이라고 불리게 되었다. 그러나 아인슈타인 본인은 단순한 수학적 말장난에 불과하다면서 탐탁지 않아 했고, 심지어 이런 불손한 언급까지 남겼다. "수학자들이 상대성이론을 공격한 탓에 난 그걸 더 이상 이해하지 못하겠다."

사실, 시공간의 개념을 이해하는 것은 아주 쉽다. 예를 들어, 어떤 도시의 땅 위에 있는 임의의 지점은 두 개의 값 또는 좌표로 나타낼 수 있다. 내가 1번가 세 번째 교차로 모퉁이에 위치한 건물 밖에서 당신과 만나자는 약속을 했다고 가정해보자. 이때 건물 밖이 아니라 같은 건물 2층에 있는 커피숍에서 만나자고 한다면 세 번째 좌표가 추가된다. 그리고 3시에 만나자고 약속한다면 시간이라는 좌표도 추가된다. 공간의 모든 위치는 세 개의 값으로 나타낼 수 있고, 시공간의 모든 위치는 네 개의 값으로 나타낼 수 있다.

다들 종이에 찍힌 점들을 이어 그림을 만드는 놀이를 해본 적이 있을 것이다. 이럴 경우 종이 위에 찍힌 각 점의 위치는 두 개의 값으로 나타낼 수 있다. 그러나 문제의 종이가 실은 고무 재질이라서 그것을 잡아 늘렸다면, 처음에 그린 그림은 당연히 일그러지고 왜곡된다. 그리고 그 왜곡된 그림은 각 점들이 처음 위치에서 현재 위치로 이동한 방식으로 설명할 수 있다. 바꿔 말해서, 공간적 왜곡은 각 점들의 관계를 측정하는 방정식을 통해 기술記述될 수 있다. 이와 마찬가지로 시공간의 점 내지 좌표들을 잇는 방정식을 쓰면 시공간의 왜곡을 설명할 수 있다.

아인슈타인은 결국 마음을 바꿔 특수상대성이론의 기하학적 해석을 받아들였다. 그것이야말로 시간과 공간뿐 아니라 중력까지 함께 설명할 수 있는, 좀 더 일반적인 상대성이론을 전개하기 위한 열쇠 중 하나라는 사실을 깨달았기 때문이다. 특수상대성이론은 공간에서 일정한 속도로 이동하는 물체에 어떤 일이 일어나는지를 기술한다. 일반상대성이론 역시 같은 일을 하지만, 그에 더해 해당 물체가 가속할 때 어떤 일이 일어나는지, 중력이 물체에 어떤 영향을 미치는지까지 기술한다. 일반상대성이론의 방정식은 (다행히도 여기서는 깊이 들어갈 필요가 없지만) 가속도와 중력이 정확히 등가임을 보여준다. 무엇보다 이 방정식은 지구에서 발사된 로켓을 타고 이동하는 우주인에게 가해지는 힘을 만들어내는데, 이 힘은 보통 지구 표면의 중력을 의미하는 'G' 값으로 측정된다. 만약 그 우주인에게 4G가 가해진다면 글자 그대로 지상에 있을 때보다 네 배 더 무거워진다는 뜻이다. 만약 우주인이 탄 로켓이 지구 궤도 안에서 지구 주위를 자유낙하 하고 있다면—궤도가 닫힌 고리를 이루고 있기에 결코 끝나지 않는 가속운동의 한 형태다—가속운동이 지구의 중력을 상쇄하기 때문에 우주인은 글자 그대로 무중량weightless 상태가 된다.

시공간의 기하학을 써서 설명하자면, 중력이란 지구처럼 거대한 질량을 가진 물체에 의해 생겨난 시공간의 휘어짐이다. (이론상 모든 물체는 아무리 작더라도 시공간을 왜곡하지만, 당신이나 나, 커피잔, 타지마할처럼 일상적인 물체가 시공간에 미치는 영향은 우리가 실감하기에는 너무나도 작다.) 이 현상을 설명하기 위한 비유는 많지만 트램펄린의 비유 이상으로 적절한 것은 아직 나오지 않았다. 팽팽하게 펼친 트램펄린 매트는 평평한 표면을 이루며, 이것은 만물이 특수상대성이론에 따라 행동하는 '평평한 시공간'에 해당한다. 그 위에서 유리구슬을 굴리면 구슬은 똑바로 굴러간다. 그러나 트램펄린 위에 볼링공처럼 무거운 물체를 올려놓으면 그 표면은 움푹 들어가기 마련이다. 볼링공 가까이에서 아까처럼 구슬을 굴려보면, 구슬은 움푹 파인 표면 주위에서 곡선을 그리며 움직이다가 원래 방향으로 굴러간다. 이것은 질량이 시공간에 미치는 영향과 같다. 질량은 움직이는 물체의 궤도에 영향을 끼치고, 그 결과 그 물체는 마치 거대한 물체를 향해 끌어당겨지는 것처럼 보이는 것이다. 여기서 유의할 점은 움푹 파인 부분이 공간뿐만 아니라 시간에도 존재한다는 사실이다. 거대한 질량을 가진 물체 근처의 휘어진 시공간에서 흐르는 시간은, 평평한 시공간에서 흐르는 시간과는 다른 속도로 흐른다.

이제는 이 모든 정보가 시간여행에 대해 무엇을 시사하는지를 검토할 준비가 되었다. 평평한 시공간만을 다루는 특수상대성이론을 통해서 한 가지 가능성을 생각해볼 수 있는데, 이 가능성은 일반상대성이론에서도 도출된다. 왜냐하면 일반상대성이

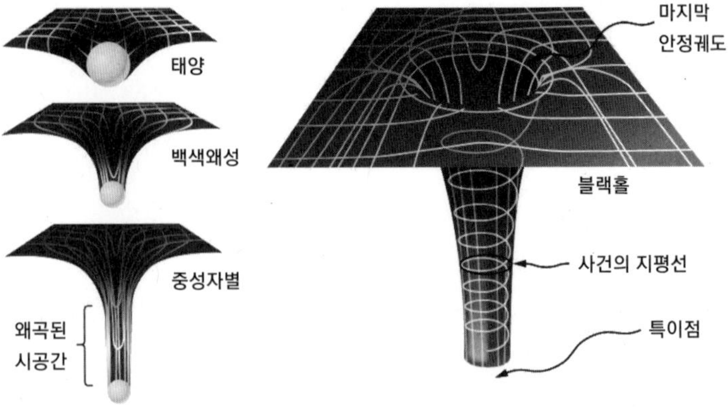

그림 3 질량에 따른 시공간의 휘어짐 정도.

론은 특수상대성이론의 모든 부분을 포함하고 있을 뿐만 아니라 그 이상의 것들까지 망라하고 있기 때문이다. 평평한 시공간에서 일정한 속도로 움직이는(바꿔 말해서 등속직선운동을 하는) 물체라면, 상대성이론 방정식은 우주선과 같은 물체들이 서로에 대해 상대적으로 움직일 때 임의의 우주선 내부 시계(시간을 측정하는 장치 전반)와 자(길이를 측정하는 모든 기구)의 상대적인 거동을 알려준다. 왜 이것들이 상대적인가 하면, 관측자(이동 중인 우주선에 타고 있는 우주비행사)는 자신이 움직이지 않는 '정지 상태'에 놓여 있으며, 움직이는 것은 자신 이외의 모든 물체들이라고 주장할 수 있기 때문이다. 이런 경우를 가리켜 '기준틀'을 가지고 있다고 한다. 정지 상태에 놓인 관측자에 대해 상대운동 중인 우주선 내부의 시계는 관측자의 시계보다 더 느리게 가고, 그 우주선의 길이는 이동 방향을 향해 수축한다. 움직이는 우주선 내부에서 시간은 글자 그대로 천천히 흐르고, 그 우주선이 (광속이라는 제한 속도 내에서) 빨라질수록 더 느리게 흐른다. 광속이 궁극적인 제한 속도인 이유는, 광속에 도달하면 시간의 흐름이 멎기 때문이다. 이런 현상은 내가 〈4단계: 빛은 빛보다 빠르게 움직일 수 있다〉에서 논할 예정인 시간여행의 가능성에 대해서도 많은 시사점을 던져준다. 이동 중인 어떤 우주선 내부에서 다른 우주선을 관측하는 우주비행사는 정지 상태에 있는 쪽은 자신들이며 움직이는 쪽은 상대 우주선이라고 주장할 수 있으므로, 그들 입장에서는 느려진 것은 그들의 시계가 아닌 상대방의 시계다. 이 두 관점은 완전히 동등하며, 패러독스는 발생하지 않는다. 왜냐하면 이 두 우주선이 동일한 기준틀에서 정지 상태에 도달하는 일은 결코 없기 때문이다. 그러나 이 두 우주선을 비교할 경우에는 흥미로운 일들이 발생한다.

어떤 우주선이 광속의 몇 분의 일에 달하는 엄청난 속도로 우주를 여행한 다음 지구로 돌아왔다고 가정해보자. 그런 다음 시간의 경과를 비교해본다면, 우주여행을 하고 귀환한 우주선에 타고 있었던 우주인들은 우주선 내부의 시간이 실제로 느리게 흘렀고, 함께 타고 있던 승객들 역시 지구에 두고 온 지인들보다 나이를 덜 먹었다는 사실을 확인할 수 있을 것이다. 이 경우에도 여전히 패러독스는 발생하지 않는다. 그들이 놓인 상황 자체가 더 이상 대칭적이지 않기 때문이다.

우리는 어느 쪽 우주선이 우주로 나갔다가 돌아왔는지를 알 수 있다. 왜냐하면 그 우주선은 돌아오기 위해 반환 지점에서 지구로 방향을 돌려야 했기 때문이다. 이런 경우 가속이 수반되는데, 그로 인해 발생하는 시간 차이를 제대로 계산하기 위해서는 일반상대성이론이 필요하다. 그러나 실제로 계산을 해보고 싶은 독자들에게 희소식이 하나 있다. 특수상대성이론 방정식을 우주선이 지구를 떠나갔을 때의 구간과 지구로 귀환했을 때의 구간에 따로따로 적용한 다음, 반환 지점에서 방향 전환이 시차를 두지 않고 순간적으로 이루어졌다는 비현실적인 가정을 받아들인다면 일반상대성이론과 똑같은 해답을 얻을 수 있기 때문이다. 우주선의 속도가 광속의 절반에 도달하면 시간은 13퍼센트 느려지고('팽창'하고), 광속의 99퍼센트에 도달하면 무려 86퍼센트나 느려진다. 광속의 99퍼센트로 움직였을 경우, 지구에서 1년이 흐르더라도 우주선에서는 한 달 남짓한 시간이 흐를 뿐이다. 우주선 내부의 시계로 50년이 걸린 우주여행을 마치고 지구로 돌아오면, 우주인은 자신들은 50살 더 나이를 먹었지만 고향 행성인 지구에서는 350년의 세월이 흘렀다는 사실을 깨닫는다. 지인들은 모두 죽은 지 오래다. 바꿔 말해서, 우주인들은 50년 걸려서 350년 뒤의 미래로 이동한 것이다.

“우리가 나이를 먹는 것은 시공간의 기하학적 구조 탓이다.
— 브라이언 콕스Brian Cox, 《자연력Forces of Nature》

시간팽창 효과는 수많은 SF의 기반이 되었고, 미래를 향한 일방통행식 시간여행의 수단으로 주목을 받았다. 그런 책들 중에서도 나는 이 개념을 논리적으로 끝까지 파고든 폴 앤더슨Poul Anderson의 《타우 제로Tau Zero》를 제일 좋아한다.

그러나 시간팽창 효과는 ‘그저 SF’가 아니다. 스위스 제네바의 유럽입자물리연구소CERN에 있는 가속기나 캘리포니아의 길이 3킬로미터에 달하는 스탠포드 선형가속기SLAC 같은 대형 입자가속기가 수명이 짧은 소립자들을 대상으로 수행한 연구에서 시간여행과 가장 밀접하게 관련된 실험 결과들이 나왔다. 이 실험에서 입자는 다른 입자들을 엄청나게 빠른 속도로 충돌시키는 방법으로 만들어지는데, 아인슈타인의 유명한 방정식처럼 순수한 에너지를 질량으로 변환시킴으로써 가능하다. 그렇게 생성된 입자들은 생성 지점에서 좀 떨어진 곳에 설치된 탐지기에 의해 검출된다. 그중 다수는 극도로 수명이 짧은 탓에 극단적으로 짧은 시간 안에 그보다 더 안정적인 형태의 다른 입자로 붕괴한다. 그 수명이 얼마나 짧은지, 광속의 몇 분의 일에 달하는 엄청난 속도로 이동하더라도 앞서 말한 탐지기에 도달하지 못하고 붕괴할 정도다. 그럼에도 불구하고 입자들은 실제로 검출된다. 해당 입자들의 이동에 소요된 시간이 외부 세계에서 흐른 시간보다 짧기 때문이다. 어떤 의미에서는 미래로 짧은 시간여행을 했다고나 할까. 정지 프레임에서의 수명이 1000만 분의 1초인 입자의 경우, 광속의 13분의 12에 달하는 속도로 움직인다면 붕괴하기 전까지 30미터에 조금 못 미치는 거리를 이동할 수 있다. 그러나 시간팽창 효과 때문에 그 입자는 그보다 2.6배 더 긴 거리, 그러니까 70미터를 조금 넘는 거리를 이동한다.

소립자 수준의 실험이긴 하지만 그보다 더 긴 거리를 이동했을 경우의 시간팽창 효과를 조사한 실험들도 수행되었는데, 역시 아인슈타인의 상대성이론에서 도출된 예측과 정확하게 일치하는 결과가 나왔다. 어떤 실험에서는 통상적인 방식으로 동일한 입자를 여럿 만들어낸 다음, 그중 일부는 전기장과 자기장 안에 가둬두고 다른 일부는 가속시켰다가 출발점으로 돌아오게 했다. 이동했다가 돌아온 입자들을 조사해보니 이동하지 않은 입자들보다 수명이 더 남아 있었다.

아니 잠깐, 모든 건 상대적이라고 하지 않았나? 그렇다면 입자의 관점에서는 어떤 일이 벌어진 것일까? 해당 입자의 기준틀에서 보면, 광속에 가까운 빠른 속도로 자기 옆을 스치고 지나간 것은 탐지기뿐만 아니라 (사실상 지구까지 포함한) 실험 환경 전체이며, 그 결과 탐지기까지의 거리가 줄어든 것이다. 그리고 이 줄어든 거리는 해당 입자가 입자가속기 내부에서 붕괴하기 전에 이동한 거리와 정확하게 일치한다. 광속의 13분의 12에 달하는 속도로 움직이는 입자의 경우, 이동 거리는 2.6분의 1까지 줄어든다. 결국 결과는 같다!

이런 실험 결과는 시간과 공간의 왜곡이 언제나 정확하게 상호 균형을 이룬다는 사실을 뚜렷하게 부각시켜준다. 운동은 공간을 수축시키고 시간을 팽창하게 한다. 4차원 시공간에서 중요한 것은 이 둘의 조합인데, 이는 연장extension이라고 불린다. 어떤 물체의 연장은 그것이 어떤 식으로 움직이든 불변한다. 시간과 공간은 개별적으로 왜곡되더라도 말이다. 손에 쥔 막대기를 벽 앞에서 이리저리 움직일 경우, 벽에 비치는 막대기 그림자의 모양이 변해도 막대기의 실제 길이는 변하지 않는 것과 비슷한 이치다. 같은 맥락에서, 시간팽창과 길이수축은 시공간에서 이리저리 움직이는 연장이 시간과 공간에 떨어뜨리는 그림자라고 할 수 있다. (민코프스키의 말을 떠올려보라!) 이것은 시간팽창 효과의 직접적인 증거를 좀 더 자세히 들여다볼 때도 유념해야 할 부분이다.

시간팽창의 직접적인 증거는 운동이 만들어낸 첫 번째 시간팽창 효과와, 거대한 질량을 가진 물체 근처의 시공간 왜곡(일상적인 표현을 쓰자면 중력)이 만들어낸 두 번째 시간팽창 효과의 측정치를 결합한 실험을 통해 얻어졌다. 중력에 의한 시간팽창 효과는 중력장 내부에서 정지해 있는 시계에도 영향을 미친다. 물론 이동 중인 시계에도 영향을 미치지만 말이다. 알기 쉽게 말해서, 지구처럼 거대한 물체에 가까이 갈수록 시간은 더 느리게 흐른다. 따라서 그 밖의 조건이 모두 동일하다고 가정할 경우, 우주선을 타고 지구 주위의 궤도를 도는 우주인은 (아주 조금이긴 하지만) 지구상에 있는 사람보다 더 빨리 나이를 먹는다. 물론 현실은 그렇게 간단하지 않다. 우주인은 이동하고 있으므로, 그 운동이 만들어낸 시간팽창 효과도 고려해야 한다. 아인슈타인의 상대성이론이 내놓은 여러 예측을 실제 실험을 통해 검증하는 것이 그토록 어려웠던 것은 바로 이런 이유에서다.

상술한 예측들이 옳았음을 입증한 고전적인 실험은 1970년대 초 세인트루이스워싱턴대학교의 조지프 하펠Joseph Hafele과 미국 해군천문대의 리처드 키팅Richard Keating에 의해 수행되었다. 그들의 실험 방법은 극히 정확한 원자시계들을 비행기에 실어 지구를 한 바퀴 돌게 한 다음, 그것들을 실험실로 가져와서 지상에 남아 있던 동일한 시계들이 가리키는 시각과 비교함으로써 여행에 의해 축적된 시계들 사이의 시차를 측정하는 것이었다. 실험 자체가 어렵다는 점은 차치하더라도, 이 두 과학자를 괴롭혔던 가장 큰 문제는 개인용 제트기를 구할 자금을 모을 수 없다는 것이었다. 그렇다고 군용기를 빌릴 처지도 아니었다. 그러나 하펠과 키팅은 좌절하지 않았고, 정기 노선을 나는 제트여객기의 이코노미석에서(그들의 예산으로는 이것이 한계였다) 실험을 하기로 했다. 그들은 항공 회사를 설득해 원자시계를 기내에 반입해도 좋다는 허가를 얻어냈고, 객실 칸의 앞쪽 벽가에 그것들을 단단히 고정했다. 실험의 정확도를 담보하려면 동쪽에서 서쪽으로 지구를 일주한 다음, 서쪽에서 동쪽으로 일주하는 식으로 같은 실험을 두 번 수행해야 했다. 지구는 서쪽에서 동쪽으로 자전하므로, 어느 방향으로 비행하느냐에 따라 지상에 남겨두고 온 시계들에 대한 상대속도가 달라지기 때문이다. 동쪽을 향한 지구 일주 비행은 (실제로는 여러 개의 중간 기착지를 경유해야 했지만) 1971년 10월 4일에서 7일 사이에 행해졌고, 서쪽을 향한 지구 일주 비행은 10월 13일에서 17일 사이에 행해졌다. 서쪽을 향한 비행에서 기내의 원자시계들은 지상의 시계들보다 273나노초 더 느리게 움직였고, 이것은 운동 속도와 중력의 영향을 감안한 시간팽창 예측치인 275나노초에 근접한 수치였다. 동쪽을 향한 비행에서 얻은 수치는 그보다는 덜 정확했지만, 전체적으로 봤을 때 하펠-키팅 실험은 이 두 종류의 시간팽창 효과가 현실에서도 존재한다는 유력한 증거를 제시한 것으로 평가받는다. 결정적인 증거가 제시된 것은 그로부터 5년 뒤의 일이다.

1976년 6월, 스미스소니언천체물리천문대와 NASA가 수행한 중력탐사 A^Gravity Probe A^는 로켓을 1만 킬로미터 상공까지 올려보냈다가 다시 지구로 돌아오게 하는 단순한 실험이었다. 발사 1시간 55분 뒤 대서양에 떨어진 로켓에 실려 있던 원자시계가 비행 중에 '째깍대는' 속도는 무선 링크를 통해 지상 기지에서도 실시간으로 관찰되었고, 지상에 거치된 동일한 원자시계가 째깍대는 속도와 대조되었다. 로켓 자체의 하중에 의한 속도와 고도의 변화를 감안하니 두 원자시계 사이에서 발생한 시간 오차는 70ppm, 즉 99.993퍼센트의 정확도로 상대성이론의 예측과 일치한다는 사실이 판명되었다.

이런 현상은 이제 실험과학의 영역을 벗어나 일상생활에서 쓰이고 있다. 우리가 내비게이션이나 스마트폰을 통해 지구상에서의 현재 위치를 정확하게 알 수 있는 것은 범지구 위치결정 시스템Global Positioning System, GPS 위성들이 지상으로 위치 신호를 쏴주기 때문이다. 중력탐사 A 로켓이 도달한 최종 고도보다 약간 더 높은 궤도를 돌고 있는 GPS 위성들은 지표면에 대해서도 매우 빠른 속도로 움직이고 있기 때문에, 앞서 말한 두 종류의 시간팽창 효과를 계산에 넣지 않는다면 위성들의 시간과 지상에 있는 우리가 경험하는 시간 사이에는 하루에 38마이크로초의 오차가 축적되고, 그 결과 하루당 약 10킬로미터의 위치 측정 오차가 발생한다. GPS가 제대로 돌아가는 것은 바로 이런 효과를 감안해서 오차를 수정하고 있기 때문이다. 스마트폰이 당신의 현 위치를 몇 미터 단위까지 정확하게 알려줄 수 있는 것은 일반상대성이론이 예측하는 시간팽창 효과를 감안해서 계산을 수행하기 때문이다. 시공간은 실제로 유연하고, 시간팽창 효과는 현실이다.

우리가 과거에서 미래를 향해 움직이는 속도는 우리와 인접한 시공간의 모양에 달려 있다. 그렇다면 과거와 미래의 차이를 우리는 어떻게 알 수 있는 것일까? 왜 시간은 한 방향으로만 흐르는 것일까?

2단계

시간의 화살은 가리키기는 해도 움직이지는 않는다

"만약 당신의 이론이 열역학 제2법칙에 위배된다면,
빨리 포기하는 것이 상책이다.
그런 이론을 고집해봤자 돌아오는 것은 굴욕뿐이기 때문이다."
— **아서 에딩턴**Arthur Eddington

과거와 미래의 구분은 현대 과학이 직면한 가장 거대한 수수께끼 중 하나다. 일단 원자나 소립자처럼 물질의 가장 기본적인 준위에서는 과거와 미래의 구분이 없다. 두 소립자가 만나서 모종의 방식으로 상호작용함으로써 두 개의 다른 소립자가 생성되었고, 그런 다음 서로 떨어져 나갔다고 상정해보자. 이런 식의 상호작용 대부분은 물리법칙을 위배하지 않더라도 역전될 수 있다. '마지막'에 생성된 두 소립자가 다시 만나 상호작용함으로써 '처음'의 두 소립자를 만들어낼 수 있다는 뜻이다. 이런 현상을 더 확대해서, 당구대 위에서 두 개의 당구공이 충돌한 다음 서로 다른 방향으로 튕겨 나가는 광경을 떠올려보라. 설령 이 충돌을 반대 순서로 재현한다고 해도, 여전히 물리법칙을 따른다는 측면에서는 차이가 없다. 다시 말해서, 두 소립자가 움직이는 방식을 그냥 관찰하는 것만으로는 과거와 미래를 구별할 수가 없는 것이다.

그러나 그보다 많은 소립자가 관여하는 현상일 경우 과거와 미래의 차이는 명백해진다. 물건은 헐고, 사람은 늙는다. 탁자 가장자리에 아슬아슬하게 놓여 있던 와인 잔이 바닥으로 떨어져서 산산조각 났다고 치자. 탁자 위에 놓인 와인 잔 사진과 박살 나서 바닥에 흩어져 있는 와인 잔 사진을 비교해보면, 설령 사고 순간을 못 봤다고 해도 우리는 어느 쪽이 먼저 찍은 사진인지 알 수 있다. 왜냐하면 산산조각 난 유리 조각들이 다시 모여서 와인 잔이 되는 광경을 현실에서 보는 일은 없기 때문이다. 그러나 이미 알려진 물리법칙에 의하면, 박살 난 와인 잔을 구성하고 있던 원자들과 관련된 상호작용은 이론상 모두 역전될 수 있다. 그렇다면 수많은 입자들을 포함하는 복잡한 계를 관찰할 때는 왜 과거에서 미래를 향한 시간의 화살이 존재하는 것일까?

이 차이야말로 우리가 과거에서 미래로 향할 경우에 사물이 어떻게 변화하는지를 다루는 열역학의 기반이 되는 개념이다. 열역학의 주된 법칙 중 하나에 의하면 우주의 무질서도는 계속 증가하고 있다. 물건은 헐고, 어질러진 방은 스스로 정돈되지 않으며, 깨진 유리잔은 원상 복구되지 않는다는 뜻이다. 물리학자들이 시스템 또는 계라고 부르는 것(탁자 위에 놓인 와인 잔일 수도 있고, 침실일 수도 있고, 우주 전체일 수도 있다) 내부의 무질서도는 엔트로피Entropy라고 불리는 척도를 써서 측정된다. 물리학의 가장 기본적인 법칙은 닫힌계Closed System의 엔트로피는 언제나 증가한다고 규정한다(열역학 제2법칙).

닫힌계란 우주의 다른 부분으로부터 고립된, 완전히 자기 충족적인 계를 의미한다. (외부의 개입이 없을 경우 무질서도가 언제나 증가하는 10대의 침실을 떠올려보면 이해하기 쉬울 것이다.) 외부에서 에너지를 도입하는, 이른바 열린계Open System에서는 엔트로피의 증가를 부분적으로나마 회피할 수 있다. 지구상에 존재하는 생명체들은 열역학 제2법칙에 위배되는 것처럼 보인다. 생명체들은 성장하고, 인간은 벽돌 무더기를 쌓아서 그보다 훨씬 더 질서 정연한 구조물인 집을 짓는다. 인간이 집을 (또는 그 밖의 무엇이든) 만들고 있을 때면, 마치 열역학 제2법칙이 무너지는 것처럼 보인다는 뜻이다. 그러나 우리가 만들어내는 것들의 질서는 언제나 다른 곳에서 증가하는 무질서함에 의해 상쇄되고도 남는다. 무질서도는 벽돌의 재료를 땅에서 채굴하고, 벽돌을 굽는 가마를 가동하기 위한 에너지를 만들어내는 등의 행위만으로도 증가하기 때문이다. 자연에서 시간의 경과는 부식의 형태로 나타난다. 녹슨 자동차의 녹이 천천히 사라지며 다시 반짝거리는 일은 일어나지 않는다. 오래된 벽돌 더미가 사람의 도움 없이 차곡

차곡 쌓여서 집으로 변하는 경우도 없다. 그러나 그와는 반대되는 과정, 이를테면 차가 녹슬고 건물이 무너지는 일은 흔하게 일어난다. 시간의 방향성은 자연에 근본적으로 내재되어 있는 것처럼 보인다.

지구상에서 국소적으로 엔트로피를 감소시키는 행위는 일종의 시간 역전에 해당하며, 그러기 위해서는 외부에서 에너지를 보급받을 필요가 있다.• 그리고 이런 에너지는 궁극적으로 태양에서 온다. 지구상에서는 엔트로피의 감소(질서의 증가)가 실제로 이루어지지만, 스스로의 뜨거움을 유지하기 위해 태양 내부에서 발생하는 핵융합 반응 및 우주 공간을 향한 열방사에 의한 엔트로피의 증가는 그보다 훨씬 크다. 태양과 지구를 합친 '계' 전체의 엔트로피는 시간이 지날수록 증가하고, 상정할 수 있는 가장 큰 계인 전 우주의 엔트로피 역시 시간이 지날수록 증가한다. 물리학의 표현을 쓰자면, 우주를 하나의 계로 볼 경우 엔트로피가 낮은 우주에 대해 엔트로피가 높은 우주는 미래에 해당한다. 시간의 화살표가 과거에서 미래를 가리키는 것은 바로 이 때문이다.

그와 동일한 시간의 화살표는 다른 식으로도 우리 우주의 구조에 내재되어 있다. 우주가 약 140억 년 전 뜨겁고 밀도가 높은 상태, 즉 빅뱅에서 시작되었으며, 그 이후 줄곧 팽창하면서 은하

• 외부의 누군가가 치워줘야 10대의 침실이 정돈되는 것과 같은 이치라고나 할까.

(엄밀하게는 은하단)들 사이의 간격도 점점 커지고 있다는 증거는 도처에 널려 있다. 은하들이 서로 멀리 떨어져 있는 상태는 은하들 사이의 간격이 촘촘한 상태에 비하면 시간적으로 미래에 위치한다. 궁극적인 시간의 화살표는 빅뱅 자체에 의해 제공된다. 당신이 우주의 어느 시간, 어떤 장소에 있든, 빅뱅은 언제나 과거에 위치하기 때문이다. 그리고 빅뱅이 일어난 이래 엔트로피는 꾸준히 증가하고 있다. 빅뱅으로 출현한 우주의 엔트로피가 낮았던 덕에 항성과 행성과 우리 인류도 출현할 수 있었다. 그러나 엔트로피는 빅뱅 이후 계속 증가하고 있다.

이것은 열역학 제2법칙의 또 다른 표현으로도 이어진다. 제2법칙에 의하면 열은 차가운 물체에서 뜨거운 물체로 흘러들 수 없다. 19세기 열역학의 선구자 중 한 명이었던 켈빈 경Lord Kelvin은 좀 더 기술적인 용어로 이 현상을 설명했다. "무생물적인 수단을 통해 물질의 어떤 부분을 주변 물체 중 가장 차가운 물체의 온도보다 낮은 온도까지 냉각시킴으로써 기계적인 효과를 얻는 것은 불가능하다." 켈빈 경이 제2법칙을 포함한 열역학 법칙을 고안하던 19세기에 이것은 실용적으로 중요한 가치가 있는 과학적 발견이었다. 그가 열역학에 관심을 가지게 된 것은 실용적 동기에서였다. 열역학은 에너지를 어떻게 하면 유용하게 쓸 수 있는지를 알려줬다. 그는 대서양 횡단 전신 케이블의 부설을 책임진 전기공학의 선구자이기도 했고, 그 과정에서 막대한 부를 얻었다.

유리잔에 든 음료에 얼음을 넣을 때마다 우리는 열역학 제2법칙이 작용하는 것을 실제로 볼 수 있다. 얼음덩이는 잔에 든 액체의 열에 의해 녹는다. 그와는 반대로, 얼음에서 따뜻한 액체로 열이 전달되면서 얼음이 커지는 일은 없다. 얼음이 녹은 뒤에도 유리잔 안에 있는 에너지의 양은 동일하지만, 처음보다는 좀 더 고르게 분포해 있다. 이와 비슷하게 우주 역시 빅뱅 이래 점점 식어가고 있으며, 밝게 불타오르는 항성에서 차가운 우주로 전달되는 에너지의 흐름은 일방통행이다. 최종적으로, 우주의 모든 항성이 열을 완전히 발산한 뒤 우주의 모든 사물은 같은 온도에 도달할 것이다. 열 전달은 더 이상 일어나지 않고, 더 이상 그 무엇도 변하지 않을 것이다. 이런 상태를 우주의 '열죽음heat death'이라고 한다.

이것은 시간의 화살표를 바라보는 또 다른 관점을 제공한다. 닫힌계 (또는 전 우주) 내부의 에너지 총량은 변하지 않는다. 이것이 열역학 제1법칙이다. 설령 아인슈타인의 유명한 방정식인 $E=mc^2$에 따라 질량을 에너지로 변환한다고 해도 질량은 보존된 에너지의 한 형태로 간주되기 때문에, '새로운' 에너지가 생겨나는 것은 아니다. 그리고 열역학 제2법칙에 의하면 닫힌계 내부에서 일어나는 어떤 작용에서도 '유용한' 에너지의 총량은 감소한다.

유용한 에너지란 어떤 일에 활용할 수 있는 에너지를 의미한

“다른 자연법칙으로부터 열역학 제2법칙을 도출하는 데 성공한 사람은 아직 아무도 없다. 제2법칙은 독립적으로 성립하며, **일상적인 세계에서 시간적인 방향성을 가지고 있는 유일한 법칙이다**. 이 사실은 우리에게 우주가 평형 상태를 향해 가고 있으며, 그 상태의 기준이 무엇인지를 우리에게 알려준다. 바꿔 말해서, 우주는 최대 엔트로피와 최대 확률의 상태를 향해 가고 있다.

— 브라이언 L. 실버Brian L. Silver, 《과학의 진보The Ascent of Science》

다. 예를 들어 탁자에서 바닥으로 떨어지는 유리잔은 이론상으로는 도르래 장치에 연결될 수 있고, 그 도르래에 연결된 발전기는 낙하하는 유리잔이 만들어내는 중력 에너지를 전기 에너지로 변환할 수 있다.

그러나 유리잔이 그냥 바닥으로 떨어진다면 유용하게 쓰일 수 있었던 중력 에너지는 움직임의 에너지, 즉 운동에너지로 변환된다. 유리잔이 바닥에 부딪히는 순간 유리잔과 바닥을 구성하는 원자와 분자가 충격을 받아 더 빠르게 진동하면서 운동에너지는 열로 바뀌어 흩어져버린다. 이 열에너지는 궁극적으로 적외선 방사로 전환되어 우주로 방출된다. 방출된 열은 아무 쓸모도 없게 된다. 우주에서 방사된 열이 바닥에 널린 유리 파편의 원자와 분자들을 모아서 다시 멀쩡한 유리잔을 만들어내고 원래 있던 탁자 위로 뛰어오르게 하는 현상 따위는 일어나지 않는다.

시간의 화살이 작용한 또 하나의 예다.

엔트로피는 계 내부의 정보 총량과도 관련되어 있다. 엔트로피의 증가는 정보의 감소와 같은 뜻이다. 사람 얼굴 모양의 조각 그림 맞추기를 예로 들어보자. 다 맞춰놓은 조각 그림을 흔들면 조각들은 헐거워지며 떨어져나가기 시작할 것이다. 아직은 사람의 얼굴을 알아볼 수는 있지만, 정확히 누구의 얼굴인지를 알아보는 것은 예전보다 훨씬 더 힘들어진다. 정보가 감소했기 때문이다. 그렇게 엔트로피는 증가하고, 시간은 흘러간다.

결국 그림은 완전히 뒤죽박죽되고 만다. 엔트로피는 (국소적으로) 최대화되었고, 정보는 남아 있지 않다. 그림에 한해서 말하자면 시간은 정지했다. 모든 항성이 열을 완전히 방출하고 우주 모든 장소의 온도가 똑같아진다면, 우주는 최대 엔트로피에 도달한 것이고 시간은 종말을 맞은 것이다.

조각 그림들을 하나씩 다시 맞춰 끼우는 방법으로 정보를 되살리고 엔트로피를 구축할 수는 있다. 그러나 당신이 만들어내는 질서의 양은 당신이 살아 있다는 사실만으로 어딘가에서 만들어내는 무질서함의 양보다 언제나 적다. 당신이 살아가기 위해 필요한 에너지는 당신이 먹는 음식에서 오며, 이 음식은 궁극적으로 햇빛에서 온다. 사람들이 조각 그림 맞추기를 하거나 그 밖의 일을 할 수 있는 유일한 이유는, 태양이 자신의 에너지를 소모해서 열을 발산하기 때문이다.

탁자 위의 유리잔이 바닥에 떨어져서 박살 나도 에너지는 소멸하지 않는다. 단지 재배치될 뿐이다. 하지만 설령 발전기와 축전지에 직결된 정교한 도르래 장치를 쓰더라도 낙하한 유리잔에서 생성된 전기로 모터를 돌려서 유리잔을 다시 탁자 위에 올려놓을 수는 없다. 왜냐하면 그 어떤 에너지 변환 과정도 완벽하지는 않기 때문이다. 이렇게 전기를 만들어내는 과정에서도 에너지의 일부는 마찰로 인해 열로 변환되며, 바닥에 떨어져 박살 난 유리잔이 운동에너지를 잃는 경우와 마찬가지로 적외선 방사의 형태로 방출된다. 우리가 영구기관을 만들 수 없는 것은 바로 이런 이유에서다.

이 경우에도 여전히 한 가지 문제는 남는다. 유리잔이 바닥에 떨어져서 박살 났을 때, 모든 원자 및 분자에 관련된 상호작용은 이론상 역전될 수 있기 때문이다. 그런데 왜 실제로는 역전 현상이 일어나지 않는 것일까? 한 가지 가설에 의하면 역전 현상은 절대로 불가능하지는 않지만 가능성이 지극히 낮기 때문에 결국은 일어나지 않는다.

이런 개념을 파악하는 가장 좋은 방법은 좀 더 단순한 계를 떠올려보는 것이다. 칸막이를 써서 반으로 나뉜 닫힌 상자 내부를 떠올려보라. 칸막이를 사이에 두고 한쪽에는 가스가 차 있고, 다른 한쪽은 진공 상태다. 칸막이를 제거하면 가스는 상자 전체에 퍼질 것이다. (그러면서 약간 식을 것이다.) 그리고 당신은 그 앞에

“집이 석재로 지어지듯이
과학은 사실로 만들어진다.

— 앙리 푸앵카레

앉아서 상자를 관찰한다고 하자. 당신이 아무리 오래 기다리더라도 가스가 처음 들어 있던 반쪽 공간으로 돌아가고 나머지 반쪽 공간이 다시 진공 상태로 돌아가는 일은 결코 일어나지 않는다. 그러나 상자 안에 있는 임의의 두 가스 입자들끼리의 충돌은 이론적으로는 역전될 수 있다! 만약 마법을 써서 모든 입자의 움직임을 역전시킬 수 있다면, 가스는 원래 있던 장소로 되돌아가는 수밖에 없고, 그러는 동안에도 물리법칙은 정상적으로 작용할 것이다.

충돌 과정이 역전되는 동안 상자 속에 갇혀 있는 가스의 원자와 분자는 그것들이 취할 수 있는 모든 방식으로 배열될 것이다. 서로 충돌하며 상자 안의 공간을 돌아다니는 가스 원자나 분자는 늦든 빠르든 모든 종류의 패턴으로 배열될 것이고, 그중에는 상자 반쪽에 모든 가스가 몰려 있는 패턴도 있다. 따라서 충분히 오랜 시간을 기다리기만 하면 상자의 계는 처음으로 돌아갈 것이고, 결과적으로 시간은 역전된 것처럼 보일 것이다.

하지만 그럴 때까지 숨을 참고 기다리지는 말자. 프랑스의 물리학자 앙리 푸앵카레Henri Poincaré가 '충분히 오랜 시간'이란 실로 긴 시간이라는 사실을 증명했기 때문이다. 모든 입자가 실현 가능한 모든 배열을 거치는 데 걸리는 시간은 푸앵카레 순환시간

또는 푸앵카레 재귀시간Poincaré recurrence time이라고 불리는데, 앞서 말한 상자 안의 입자들이 순환하는 시간은 입자의 수에 달려 있다. 가스가 든 조그만 상자에 10^{22}개의 원자가 있다고 가정할 경우, 그것들의 배열이 모든 경우의 수를 거쳐 원래 상태로 돌아가려면 우주의 나이보다 훨씬 더 오랜 시간이 걸릴 것이다. 현실적인 계들의 푸앵카레 순환시간에는 이미 알려진 우주에 있는 항성의 숫자보다 더 많은 0이 딸려 있다. 가스가 든 상자를 관찰할 경우 특정한 패턴이 발생할 확률 역시 그와 같으며, 상자 안 여기저기를 튕기는 한 개의 원자만 관찰하더라도 숫자가 어떻게 늘어나는지 알 수 있을 것이다. 어떤 순간에도 그 원자가 상자의 반쪽 공간의 특정 지점에 있을 확률은 50 대 50, 즉 2분의 1이다. 만약 두 개의 원자가 있다면 이것들이 동시에 상자 반쪽 공간에 있을 확률은 4분의 1이고, 세 개 있을 경우는 8분의 1이 되는 식이다. 100만 개의 원자가 같은 반쪽 공간에 동시에 존재할 확률은 2의 100만 제곱분의 1이다. 그리고 가스가 담긴 진짜 상자 내부의 원자 수에 비하면 100만이라는 수조차도 극히 작은 숫자라는 점을 명심하라.

이것이 왜 극미 세계에서는 시간이 역전될 수 있지만 극대 세계에서는 역전되지 않으며, 왜 시간의 화살은 한 방향을 가리키느냐는 물음에 대한 표준적인 '해답'이다. 엔트로피 증가의 법칙은 통계 법칙을 따르므로 (극미 세계에서의 시간 역전 같은) 엔트로피의 감소가 불가능하지는 않다. 그러나 실제로 그런 현상이 일어날 가능성은 극히 희박하다.

오스트리아의 물리학자인 루트비히 볼츠만Ludwig Boltzman은 이 아이디어에 착안해서 우주 전체가 통계적인 변덕freak에 해당할지도 모른다고 주장했다. 열죽음 상태에 빠져 모든 것이 고르게 분포한 무한대의 우주에서, 때때로 (그런 우주에서 '때때로'라는 단어가 무엇을 의미하든) 그 일각에 있는 모든 입자들이 순전한 우연에 의해 일제히 올바른 방향으로 움직임으로써 항성을 만들어내고 은하를 생성하며 빅뱅을 유발할 가능성을 제시했다. 우주의 그런 영역에서 시간은 실질적으로 거꾸로 흐르고, 그 결과 낮은 엔트로피 상태에 있는 질서의 '거품'이 생겨난다. 그런 다음 이 낮은 엔트로피의 거품은 다시 해체되고, 그보다 가능성이 높은 상태로 돌아가는 것일지도 모른다.

현대의 우주론자 대다수는 볼츠만의 주장을 진지하게 받아들이지 않는다. 그러나 그중 한 명인 폴 데이비스는 이 개념을 발전시켜 시간의 성질에 관한 극히 흥미로운 통찰을 제공했다. 우리가 사는 오늘의 세계에서 시간의 화살은 언제나 엔트로피가 증대하는 방향을 가리킨다. 그렇다면 볼츠만 거품 내부에서도 그러지 말라는 법이 어디 있는가? 거품이 성장하는 동안 거품 내부의 엔트로피는 (바깥 우주의 상황에 비하면) 감소하지만, 이 거품 안에 살고 있는 지적 존재에게 시간의 화살은 여전히 높은 엔

"세계의 존재와 진화를 위한 투쟁에서 가장 중요한 쟁취 대상은 가용 에너지다.

— 루트비히 볼츠만

트로피 상태의 열죽음을 가리키고 있을지도 모른다. 만약 우주가 '정말로' 팽창이 아니라 붕괴하고 있다면, 서로 멀어지는 것이 아니라 뜨거운 고밀도 상태를 향해 가고 있다면, 그 안에 있는 우리는 여전히 은하들끼리 서로 더 떨어져 있는 상태를 미래로 인식할 가능성이 있다.

이것은 단순한 철학적 궤변이 아니다. 왜냐하면 수정된 빅뱅 모델들 일부는 우주의 팽창이 언젠가는 멈추고 팽창 과정이 역전될 것이라고 예측하고 있기 때문이다. 그런 일이 실제로 일어난다고 가정하면 빅뱅이 역전되는 순간 시간 자체도 역전될까? 아니면 그런 일은 이미 시작된 것일까? 우리는 사실 시간이 거꾸로 흐르는 수축 중인 우주에 살고 있는데, 단지 그 사실을 깨닫지 못했을지도 모른다! 그게 아니라면, 우주가 붕괴할 때 시간은 일상적인 의미에서 정말로 거꾸로 돌아가기 시작하는 것은 아닐까? 이런 식의 과학적인 논리까지 언급하지는 않지만, SF 작가인 필립 K. 딕Philip K. Dick은 《시계 반대 방향으로 도는 세계Counter-Clock World》에서 시간이 거꾸로 돌아감에 따라 시체가 무덤에서 일어나고, 먹은 음식이 되돌아오며, 굳이 여기서까지 언급하지 않아도 되는 그 밖의 끔찍한 일들이 일어나는 기괴한 상황을 묘사했다.

그러나 시간은 정말로 '돌아가는' 것일까? 앞서 잠깐 언급했듯이 미래를 가리키는 화살과 실제로 미래를 향해 움직이는 화살을 구별하는 것은 중요하다. 좀 더 정확한 비유는 나침반의 바늘일지도 모른다. 나침반의 바늘은 내가 사는 북반구에서는 언제나 북쪽을 가리키지만, 실제로 북쪽을 (또는 그 어떤 방향을) 향해서 움직이지는 않기 때문이다. 만약 우리에게 탁자에서 바닥으로 떨어진 유리잔의 낙하 '전'과 '후'만을 찍은 사진 두 장뿐만 아니라 그 과정 전체를 찍은 영화 필름이 주어진다면, 설령 개개의 필름 프레임을 잘라내서 섞어놓는다고 해도 우리는 여전히 그것들을 일어난 순서대로 배열할 수 있다. 과거와 미래를 뚜렷하게 구별하기 위해서 굳이 그 필름을 영사기에 넣고 돌릴 필요는 없는 것이다.

몇몇 과학자(그리고 철학자)는 시간이 흐른다는 감각이 인간의 환상에 불과하다고 주장한다. 우리의 마음은 마치 스크린에 투영된 영화를 보는 것처럼 우리 개인사에서 일어난 사건들을 영사하고 있는 것인지도 모른다. 그럼에도 이 과정의 밑바탕에 깔려 있는, 과거와 현재 양쪽을 아우르는 현실은 영화 필름의 분리된 프레임들처럼 여전히 남아 있을지도 모른다. 비록 우리는 그 영화의 프레임을 순서대로 하나씩 보면서 이야기를 따라가는 수밖에 없더라도 말이다. 내가 〈7단계: 앞으로 존재할 모든 것은 실제로 존재한다〉에서 언급할 예정인 이런 논쟁적인 아이디어가 사실이든 아니든, 과거에서 미래를 가리키는 시간의 화살이라는 비유에서 볼 수 있듯 현실의 과거와 미래가 서로 뚜렷하게 구별된다는 사실 자체는 변하지 않는다. 따라서 과거나 미래로 가는 여행에 관해 논의하는 행위에는 여전히 의미가 있다. 문제는 어떤 방식으로 해야 하는지다.

3단계

빛보다 빨라지면 시간을 거슬러 오른다

"금지되지 않은 현상은 강제된다."
— **머리 겔만** Murray Gell-Mann

네 번째 차원으로서의 시간이라는 개념 덕에 몇몇 과학자들과 많은 소설가들은 어떤 식으로든 시공간의 축들을 '회전rotate' 시킨다면 공간 차원 하나는 시간 차원이 되고, 시간은 공간의 한 차원이 될 가능성을 떠올리게 되었다. 비행기가 동체를 뒤집고 배면 비행을 할 경우 '위'였던 부분은 '아래'가 되고 '아래'였던 것은 '위'가 되는 현상과 조금 비슷하다고나 할까. 바꿔 말해서, 시간여행자는 자기가 원하는 과거나 미래의 시점에 도착할 때까지 단지 시간 축을 따라 이동하기만 하면 된다는 이야기다. 그러나 공간을 시간으로 단순하게 치환하는 방식에는 (설령 그런 일을 수행할 수 있는 기계가 있다고 해도) 큰 문제가 하나 있다. 유감스럽게도 4차원 시공간에서 공간과 시간의 차원은 대등한 처지가 아니기 때문이다.

문제는 빛의 속도가 계산에 미치는 영향이다. 두 개의 단순한 방정식을 잠시 예로 들어보겠는데, 방정식이 두려운 독자들은 건너뛰어도 무방하다.

3차원 공간에서 임의의 두 점 사이의 거리인 d(s)는 피타고라스의 유명한 정리의 3차원 버전을 써서 다음처럼 표시할 수 있다.

$$d(s)^2 = d(x)^2 + d(y)^2 + d(z)^2$$

위의 방정식에서 d(x)와 d(y)와 d(z)는 각각 x, y, z 방향에서의 거리 차이를 나타내고, 제곱은 괄호 안의 값만 아니라 전체 거리인 d(s)에도 적용된다. 여기까지는 간단하지만, 4차원 시공간에서 사건들 사이의 '거리'를 같은 방식으로 측정하려면 다음과 같은 방정식이 필요하다.

$$d(s)^2 = d(x)^2 + d(y)^2 + d(z)^2 - d(ct)^2$$

위에서 c는 빛의 속도(광속)이고, t는 시간이다. 속도(이를테면 초속 몇 킬로미터)에 시간(초)을 곱한 값은 거리(킬로미터)에 해당하므로, 모두 아귀가 맞는다.

결론: 위의 설명에서 딱 하나만 알아두면 되는 부분은 임의의 시간적 간격에 해당하는 거리는 그 간격에 **광속을 곱한 값**이라는 점이다. 그리고 광속은 대략 초속 30만 킬로미터다. 만약 당신이 4차원 시공 연속체를 회전시켜서 시간 축을 따라 과거로 이동할 수 있다고 가정한다면, 1초 과거로 가기 위해서는 30만 킬로미터를 이동해야 한다는 계산이 나온다. 실제로 이런 일이 일어날 가능성이 전무하다고 할 수 없고 나도 〈5단계: 회전하는 원통과 전역 인과율 위반 가능성〉에서 바로 그 부분에 관해 논할 예정이지만, 이런 종류의 시간여행이 작가들이 생각하는 것만큼 쉽지 않다는 점만은 확실하다. 그렇다고 해서 절망할 필요는 없다. 이 문제는 시간여행이라는 난제에 또 다른 해결책을 제시해주기 때문이다. 빛보다 빠르게 움직일 수만 있다면, 그토록 오래 걸리지 않아도 과거로 갈 수 있다는 뜻이다. 그러나 상대성이론은 빛보다 빠른 속도를 내는 것은 아예 불가능하다고 하지 않았나? 실은 완전히 불가능하지는 않다. 그리고 이런 사실은 물리적인 시간여행까지는 몰라도 미래와 정보를 교환하거나 미래로부터 정보를 받을 가능성을 터준다.

알베르트 아인슈타인에게 특수상대성이론으로 통하는 문의 자물쇠를 열게 해준 열쇠는 빛을 포함한 전자기파 방사의 작용 방식을 묘사하는 제임스 클러크 맥스웰James Clerk Maxwell의 방정식이었다. 이 방정식에는 상수가 하나 포함되어 있는데, 맥스웰은 이런 상수의 등장을 예상하지 못했지만 곧 이것이 빛의 속도인 광속이라는 사실을 깨달았다. 그러나 이 발견은 19세기 말의 물리학자들에게 당혹스러운 문제를 제기했다. 문제의 방정식은 현재는 c로 표기되는 빛의 속도가 누구에게나 동일해야 한다고 주장했기 때문이다. 어떤 식으로 움직이더라도 말이다. 만약 당신이 나를 향해 시속 100킬로미터의 속도로 차를 몰고 달려온다면, 당신 차의 전조등이 내뿜는 빛은 당신 차에 대해 c의 속도로 움직인다. 그런데 내가 나를 지나가는 빛의 속도를 측정해도 c에 시속 100킬로미터를 합친 것이 아니라 단지 c라는 결과를 얻는다. 이 결과는 200년 이상 물리학계를 지배해온 뉴턴역학에 정면으로 위배되므로, 결국 뉴턴과 맥스웰 중 한 사람은 틀렸다는 이야기가 된다. 여기서 아인슈타인의 천재성을 엿볼 수 있다. 수정해야 하는 것은 맥스웰 방정식이 아니라 뉴턴역학의 법칙들이라는 사실을 깨달았다는 것이다. 그 뒤에 일어난 일들은 누구나 알다시피 역사가 되었다.

그러나 맥스웰 방정식에는 그것 말고도 어딘가 묘한 점이 있었다. 전자기파를 기술하는 방정식에는 똑같이 유효한 두 개의 해가 존재한다. 한쪽 해는 광원에서 나와 미래를 향해 우주를 가로지르는 전자기파를 기술한다. 여기서 말하는 전자기파는 손전등에서 나오는 광선일 수도 있고, 무전기의 전파일 수도 있으며, 다른 어떤 전자기파일 수도 있다. 이것은 지연파retarded wave라고

“인간은 기구를 타고 중력을 거슬러 하늘로 올라갈 수 있으므로, 언젠가는 시간 차원에서도 멈추거나 가속하거나 심지어 반대 방향으로 갈 수 있다고 해도 전혀 이상할 것이 없다.

— 허버트 조지 웰스

불린다. 그러나 전자와 똑같이 유효한, 미래에서 과거를 향해 시간을 거슬러 가는 전자기파를 기술하는 방정식의 해도 존재한다. 광선은 손전등으로 빨려 들어가고, 전파는 무전기로 돌아가는 식이다. 이것은 선진파advanced wave라고 불린다.

이 모든 논의는 물리학자들이 빛의 원뿔, 즉 '광추light cone'라고 부르는 개념을 통해 기술될 수도 있다. 4차원 시공간에서는 우리가 지금 이곳에서 하는 일에 영향을 받을 수 있는 미래의 모든 일이 우리의 미래광추 안에 있다고 표현된다. 우리가 지금 이곳에서 하는 일에 영향을 미쳤을 수 있는 과거의 모든 일은 과거광추 안에 있다. 이 두 영역 바깥에 존재하는 나머지 시공간은 지금 이곳에 있는 우리에게는 아무런 영향도 끼치지 못하고, 지금 이곳에 있는 우리가 하는 일 역시 이 시공간에는 아무런 영향도 미치지 못한다. 우리와 무관한 이 시공간을 다른 시간을 의미하는 '엘즈웬elsewhen'이라고 부르기로 하자. 이런 맥락에서 맥스웰 방정식은 지금 이곳에 있는 우리가 과거광추와 미래광추 양쪽에서 신호를 받을 수 있음을 시사한다. 물리학자들은 지금도 이 시간적 대칭성을 두고 논쟁을 벌이고 있으며, 그 결과 매우 흥미

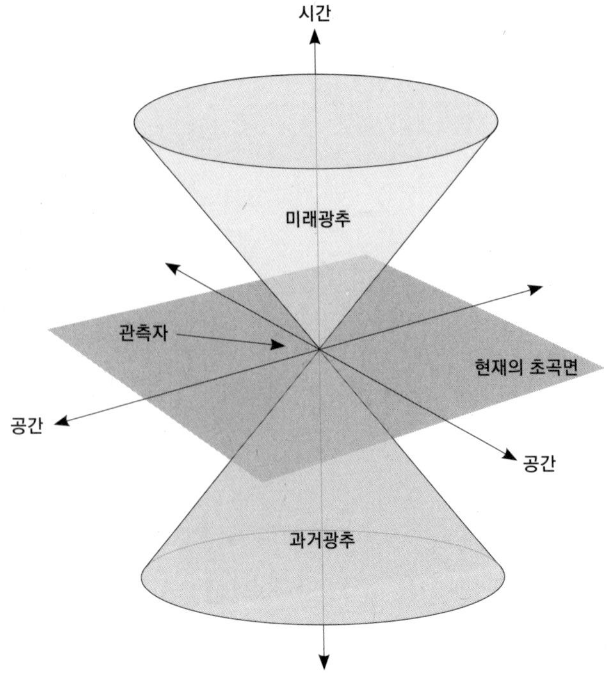

그림 4 2차원에 시간 차원을 더한 광추 모형. 시공간상의 국소 지점에서 찰나의 시간에 발생한 어떤 사건의 결과로 방출된 빛이 시공간을 따라 이동할 수 있는 모든 방향의 경로를 나타냈다. 3차원 공간에 이 모형을 적용하면 빛은 구형으로 퍼져나가고, 광추도 일반적인 원뿔이 아닌 4차원 초원뿔이 된다.

로운 양자론적 개념들이 제시되었다.• 어떤 근원적인 수준에서 우주의 기본적인 작동 원리를 뒷받침하는 방정식들은 과거로 가는 시간여행을 허용한다. 그게 아니라면, 적어도 과거와의 정

• 이 개념의 일부는 내가 쓴《이토록 기묘한 양자》(바다출판사, 2022)에서도 거론했다.

보 교환을 허용한다. 그러나 상술한 '엘즈휀'에 도달하려면 타임머신을 쓰거나 광속의 장벽을 넘어서 빛보다 빨리 움직일 필요가 있다.

광속의 장벽이 존재하는 이유는 빛보다 느리게 움직이는 그 어떤 물체도 광속까지는 가속할 수 없기 때문이다. 광속의 장벽이 존재한다는 논거는 몇 가지 있고, 이것들 모두가 상대성이론이 제시한 방정식에 기반하고 있다. 장벽의 존재는 이 책의 〈1단계: 시간과 공간은 유연한 시공간을 구성한다〉에서 묘사했던 실험과 유사한, 빠르게 움직이는 입자를 이용한 실험들을 통해 모두 입증되었다.

논거 중 하나는 광속에 가까워질수록 시간은 느리게 흐르므로 광속에 도달하려면 무한히 긴 시간이 걸린다는 점이다. 또 다른 논거는 질량은 물체가 빨리 움직일수록 증가하므로, 광속에 도달하기 위한 무한대의 질량을 얻기 위해서는 무한대의 에너지가 필요하다는 점이다. 어떤 관점을 택하든 광속이 결코 넘을 수 없는 진짜 장벽이라는 사실에는 변함이 없다. (단지 기술적인 도전에 불과했던 덕에 오래전에 돌파된 음속의 '장벽'과는 차원이 다르다.) 빛 자체가 광속으로 움직일 수 있는 이유는 빛이 광속으로 움직일 때 만들어졌기 때문이며, 빛이 광속보다 느려지는 것은 흡수되었을 때뿐이다. 그러나 이 사실을 안 몇몇 과학자들은 생각에 잠겼다. 이미 광속보다 빠르게 움직이는 어떤 입자가 만들어졌

❝시간은 선이 아니라 공간의 차원들과 같은 하나의 차원이야. 따라서 공간을 구부리면 시간도 구부릴 수 있고, 충분한 지식이 있어서 빛보다 빠르게 움직일 수 있다면 시간을 거슬러 올라갈 수도 있어.

— 마거릿 애트우드Margaret Atwood, 《고양이 눈Cat's Eye》

다고 가정한다면, 아인슈타인의 방정식들은 그 입자의 속성에 관해 어떤 답을 내놓을까?

광속의 장벽 반대편 세계에는 마치 거울을 보는 듯한 논리가 작용한다. 장벽 이쪽에서 빠르게 움직이면 움직일수록 시간은 더 느리게 흐르고, 광속에 도달하면 완전히 멎는다. 따라서 장벽 반대편에서 광속보다 조금 더 빠르게 움직이는 입자가 존재한다면, 시간은 과거를 향해 천천히 흐르고, 그 입자의 속도가 빨라지면 빨라질수록 시간도 더 빠르게 역행한다. 이것은 아인슈타인 상대성이론 방정식이 내놓은 결과와 완전히 부합한다. 또 문제의 방정식은 움직이는 물체가 장벽 어느 쪽에 있든 그 물체에 쏟는 에너지가 많으면 많을수록 그 속도는 광속에 가까워진다고 예측한다. 따라서 우리 세계에서 움직이는 물체에 쏟는 에너지가 많으면 많을수록 그 물체는 빨리 움직이지만, 초광속faster-than-light, FTL 세계에서는 움직이는 물체에 쏟는 에너지가 많으면 많을수록 그 물체는 더 느리게 움직인다. 초광속 입자들은 속도가 빨라지면 에너지를 잃고, 점점 더 빠르게 시간을 거슬러 오르기 때문이다. 놀랍게도 초광속 세계의 이 기묘한 특징은 아인슈타인이 특수상대성이론을 발표하기 직전에 발견되었다. 1904년, 훗날 양자론의 선구자로 명성을 떨치게 될 독일인 물리학자 아르놀트 조머펠트Arnold Sommerfeld는 맥스웰 방정식이 초광속 입자에 관해 위와 똑같은 예측을 한다는 사실을 깨달았다. 당시 조머펠트는 광속의 장벽에 관해서는 모르고 있었지만 말이다. 특수상대성이론은 맥스웰 방정식에 많은 부분을 기대고 있었으므로 양쪽의 방정식이 같은 해답을 내놓더라도 이상할 것이 없지만, 먼저 발표된 것은 분명 맥스웰 방정식 쪽이다.

이 아이디어는 몇십 년 동안 진지하게 받아들여지지 않았다. 그 사실을 알고 있는 소수의 과학자들은 이것을 이차방정식에서 가끔 나오는 음의 해처럼 수학적 예외 정도로 취급했다. 만약 어떤 건물의 높이를 계산한 건축가가 400의 제곱근이라는 해답을 얻는다면,• 수학적으로 그 건물의 높이는 20미터이거나 마이너스 20미터일 것이다. 이 건축가가 지하 주차장을 설계할 작정이 아닌 이상 음의 해는 무시된다. 그리고 초광속 입자에 관련된 아인슈타인 방정식도 바로 이런 식으로 무시당했다. 적어도 물리학자들이 우주선cosmic ray을 자세히 탐구하기 시작한 1960년대까지는 무시당했다.

그리고 연구의 힌트는 이번에도 SF에서 나왔다. 1954년에 SF

• 물론 실생활에서 이런 계산이 필요해질 것 같지는 않지만, 일단 그렇다고 치자.

잡지인 《갤럭시 사이언스 픽션Galaxy Science Fiction》은 제임스 블리시James Blish가 쓴 〈삐익Beep〉이라는 제목의 중편을 실었다.• 블리시가 쓴 최고의 작품이라고 하기는 어렵지만, 〈삐익〉에서는 거리와 상관없이 순간적인 통신을 가능하게 하는 '디랙 라디오'라는 장치가 등장한다. 그러나 디랙 라디오는 음성 메시지를 수신할 때마다 귀에 거슬리는 삐익 하는 소리를 낸다는 단점이 있었다. 사실 이 삐익 소리는 "과거에 보내졌고 미리에 보내질 모든 디랙 메시지"를 압축한 복사본이었다. 즉 시간과 공간 양쪽을 초월하는 신호였던 것이다. 블리시는 빛보다 빠르게 (소설에서는 순간적으로) 움직이는 신호는 동시에 시간을 거슬러 올라갈 것이라는 사실을 알고 있었다. 이 중편에 주목한 사람은 거의 없었지만, 10여 년 뒤 컬럼비아대학교의 물리학 교수 제럴드 파인버그Gerald Feinberg는 SF 앤솔러지 《은하 성단Galactic Cluster》에 재수록된 이 단편을 읽고 해당 분야에 관한 영감을 얻었고, 〈초광속 입자의 가능성〉이라는 제목의 과학 논문을 써서 1967년에 과학 학술지인 《피지컬 리뷰Physical Review》에 실었다. 파인버그는 '빠르다'라는 뜻을 가진 그리스어 단어인 '타키스'를 따서 가상의 초광속 입자에 이름을 붙였다. 빛보다 빠른 물질인 '타키온tachyon'은 바로 이

• 이 중편은 장편으로 개작된 후 1973년에 《시간의 다섯 눈(The Quincunx of Time)》이라는 제목으로 출간되었다.

논문에서 처음 등장했다. 그러나 타키온을 통신 수단으로 이용하는 디랙 라디오가 정말로 존재했다면, 매우 묘한 속성 하나를 가지고 있었을 것이다. 신호를 수신하면 에너지를 잃고, 그 결과 더 차가워지는 속성이다. 그러나 그런 장치가 실제로 제작될 리가 없으므로 여기서는 고민하지 않고 그냥 넘어가겠다. 그보다 더 문제가 되는 것은 타키온들이 에너지를 잃고 점점 더 빨리 움직인다면, 우주에서 자연히 생겨난 타키온들은 (그런 것들이 존재한다고 가정할 때) 실질적으로 0의 에너지를 가진 상태에서 거의 무한히 빠른 속도로 움직이고, 그 결과 극히 탐지하기 힘들 것이라는 점이다. 그러나 이 문제에 대한 해결책은 존재한다.

파인버그의 논문이 발표된 이래 동료 과학자들이 시도한 것은 우주선에서 타키온의 존재 증거를 찾아내는 일이었다. 우주선은 우주에서 날아오는 고에너지 입자들(대부분 양성자)이며 대량의 에너지를 뿜어내는 우주적 사건을 통해 발생한다. 이런 입자들은 광속의 90퍼센트 이상의 빠른 속도로 은하를 가로질러 지구 대기권 상층부에 충돌한다. '1차' 우주선이 지구 대기에서 가장 흔한 구성요소 중 하나인 질소 원자의 핵과 충돌하면, 이 입자들은 워낙 많은 에너지를 포함하고 있는 탓에 단지 질소 원자핵을 날려버리는 것만으로 끝나지 않는다. 그 순간 1차 우주선에 실려 있던 대량의 에너지는 '2차' 우주선이라고 불리는 새로운 입자들로 변환되는데, 아인슈타인의 유명한 방정식이 보여주듯 순수한 에너지로부터 만들어진 이 입자들은 지구 표면으로 비처럼 쏟아진다. 이 현상을 우주선 소나기cosmic ray shower라고 한다. 이런 식의 입자들은 (가까운 곳에 있는 초신성 등이 폭발해 대량 발생하지 않는 이상) 우리 인간에게는 해를 끼치지 않지만, 우리는 지구상의 관측 장비와 높은 고도에 띄운 기구를 써서 이것들을 탐지할 수 있다. 만약 우주선 소나기를 발생시킨 과정에 의해 만들어진 입자 중 일부가 타키온이라고 가정한다면, 타키온은 (과거로 거슬러 올라가는 성질 탓에) 소나기에 포함된 모든 입자들이 지상에 도착하기 전에 지상의 탐지 장치까지 도달할 뿐만 아니라, 1차 우주선이 지구 대기권의 최상층과 충돌하기도 전에 지상에 도달해야 마땅하다. 이럴 경우에는 타키온이 모든 에너지를 잃고 무한대의 속도로 우주로 쌩 날아가버리기 전에 포착할 수 있을지도 모른다.

우주선을 연구하는 천문학자들이 세계 곳곳에 설치한 탐지기들은 거의 24시간 작동한다. 그래서 대규모 우주선 소나기가 지구에 도달하기 직전의 탐지 기록에서 타키온 같은 선도 입자의 흔적을 알아보기 위해 큰 노력을 기울이거나 추가 자금을 확보할 필요는 없었다. 타키온에 관한 논의가 활발하게 이루어진 1970년대 초에는 많은 과학자들이 실제로 그런 연구를 시도했고, 그중 몇 명은 모종의 기묘한 징후를 포착하기까지 했다. 그러나 유일하게 설득력 있는 증거는 오스트레일리아의 연구자인 로저 클레이Roger Clay와 필립 크라우치Philip Crouch가 1973년에 발표한 연구에서 나왔다. 그들의 탐지기는 초광속 선도 입자의 강력한 징후로 보이는 것을 포착했고, 제출한 자료의 신빙성이 높았던 덕에 1974년 과학 저널《네이처》에 실리기까지 했다. 아무도 그들의 분석에서 결함을 찾아내지 못했다. 당시《네이처》에서 일하던 나도 이 뉴스에 과학계가 흥분으로 들썩였던 것을 선명하게 기억한다. 기자들이 신이 나서 기사를 써재끼는 동안 대다수의 물리학자들은 당혹스러운 얼굴로 머리를 긁적였지만 말이다. 유감스럽게도 클레이와 크라우치의 연구가 발표된 뒤로 다른 우주선 소나기와 관련된 선도 입자의 존재를 확실하게 증명한 연구는 나오지 않았다. 클레이와 크라우치의 데이터 해석에서는 여전히 결점이 발견되지 않았지만, 지금은 과학 실험 중 드물게 일어나는 변칙적인 오류의 하나로 여겨지고 있다. 모종의 이유로 인해 적절한 시각에 (다른 관점에서 보자면 부적절한 시각에) 타키온 선도 입자의 도래와 흡사한 현상이 일어났고, 오스트레일리아에 있는 탐지기가 그것에 반응했다는 식이다. 1988년 무렵에는 타키온의 증거를 찾을 가망이 거의 없어 보였다. 당시 물리학자인 닉 허버트Nick Herbert는《초광속Faster Than Light》이라는 제목의 책에서 대다수의 물리학자들은 "타키온이 존재할 가능성을 유니콘이 존재할 가능성보다 조금 높은 정도"로 보고 있다고 단언했을 정도다.

그러나 초광속 여행과 시간을 역행하는 통신에 관한 이야기를 이대로 끝내는 것은 너무 우울하다. 1980년대에 그레고리 벤포드Gregory Benford라는 물리학자가 SF 소설 《타임스케이프Timescape》에서 그 문제에 관해 언급했다. 이 소설은 타키온을 이용한 통신을 묘사한 것은 물론, 대다수의 시간여행 소설은 얼버무리고 넘어가는 문제—시간여행은 우주여행이기도 하다는 사실—도 다루었다.

지구는 자전과 공전을 할 뿐만 아니라 태양계와 함께 은하를 여행하고 있다. 만약 내가 우리 집 거실에 가져다 놓은 타임머신을 타고 지난 화요일의 거실로 가고 싶다면, 지난 화요일에 우리 집의 거실이 존재했던 장소로 가도록 설정해야 한다는 이야기다. 그리고 그 장소는 지구가 이미 지나온 빈 우주 공간에 위치해 있다. 이런 사실이 시사하는 바는 SF 작가 크리스토퍼 프리스트Christopher Priest의 장편소설 《스페이스 머신Space Machine》에서도 정교하게 구현되어 있지만, 《타임스케이프》에서 벤포드는 이런 위치 문제를 정면에서 다루었다. 등장인물들은 타키온 빔을 어디를 향해 쏘아야 하는지만 걱정하면 됐지만 말이다. 그중 한 명은 "어디를 조준해야 하지? 1963년의 어떤 장소?"라는 질문을 받는다. "상당히 멀어. 1963년은 꽤 먼 과거거든." 그는 이렇게 대답하지만, 벤포드는 이 조준이 구체적으로 어떻게 행해지는지는 설명하지 않는다. 이 소설의 핵심을 이루는 것은 어디까지나 시간을 역행하는 과거와의 통신이다.

벤포드는 이 소설을 1970년대 말에 썼지만 작중 사건은 1960년대 초와 1990년대 말에 일어나며, 이 두 시기는 이 책이 출간된 시기에서 대략 같은 '거리'에 위치해 있다. 벤포드가 이 책에서 묘사하는 미래는 우리가 실제로 경험한 1990년대보다 훨씬 더 암울해서, 전 세계가 생태학적 재앙으로 멸망의 위기에 처해 있다. 케임브리지대학교에 소속된 과학자 그룹은 그들이 직면한 재앙적 상황을 초래한 과거 인류의 그릇된 행동을 일부라도 무효화할 목적으로 과거의 지구로 경고를 보내려 시도하고, 1960년대 초 캘리포니아대학교 샌디에이고캠퍼스에 재직 중인 젊은 연구자 고든 번스틴Gordon Bernstein은 노이즈로 왜곡된 정체불명의 메시지를 포착한다. 주인공인 고든 번스틴의 머리글자가 그레고리 벤포드와 동일한 것은 우연이 아니다. 벤포드가 캘리포니아대학교 샌디에이고캠퍼스에서 1965년에 석사 학위를 따고 1970년대 말에 케임브리지대학교에서 객원 연구원으로 있었다는 사실도 마찬가지다. 이 소설의 과학이 추론에 의존하고 있는데도 배경 묘사가 상당히 견실하고 그럴싸한 것은 바로 그런 이유에서다.

미래가 과거와 통신하는 이야기가 대개 그렇듯, 벤포드의 소설에서 가장 큰 문제가 되는 것은 미래가 과거를 바꾸고, 그런 행위로 인해 미래 자체가 변한다는 부분이다. 그리고 이런 변화가 반드시 좋으리라는 보장은 없다.• 이 문제를 해결할 방책 몇 가지는 〈9단계: 패러독스를 회피하는 방법〉에서 논의할 생각이지만, 특히 타키온과 관련해서 그 문제를 피해 갈 수 있는 매우 적절한 해결책이 하나 있다. 우리는 우리의 과거광추에서 일어난 사건들이 현재 여기서 일어나고 있는 일에 직접적인 영향을 미치며, 그런 과거의 '세계선world line'들은 이미 결정되어 있다는 식의 사고방식에 익숙하다. 반면 미래는 아직 결정되지 않았다고 생각한다. 그러나 우리의 미래에 위치한 미래광추 내부에서 일어난 사건들도 지금 여기서 일어나고 있는 일에 영향을 미친다는 사실을 받아들인다면, 우리는 로런스 슐먼Lawrence Schulman이 1971년에 《아메리칸 저널 오브 피직스American Journal of Physics》에 발표한 '타키온 패러독스'가 요약한 상황과 정면으로 마주치게 된다. "역사란 본질적으로 시공간에서 얼어붙은 세계선들의 집합이다. 우리는 우리의 행동이 과거광추에 의해서만 결정된다는 강한 주관적 확신을 가지고 있지만, 이것이 언제나 사실이라는 보장은 없다." 바꿔 말하자면, 우리 앞쪽에 펼쳐진 미래광추 내부의 '세계선'들도 시공간에서 얼어붙어 있으며, 그것들 역시 '지금 이곳'에 영향을 미친다는 뜻이고, 그럼에도 과거 세계선이

• 이 주제는 내가 쓴 장편소설 《타임스위치(Timeswitch)》에서도 탐구되었는데, 제목은 물론 벤포드의 《타임스케이프》를 살짝 표절한 것이다.

변할 수 없는 것처럼 미래 세계선도 변할 수 없다는 뜻이다. 이 시나리오를 채택한다면, 1960년대에 '고든 번스틴'이 하는 그 어떤 일도 그가 수신한 1990년대발 메시지에서 묘사된 사건들을 변화시키지 못한다. 이 문제에 관해서는 〈7단계: 앞으로 존재할 모든 것은 실제로 존재한다〉에서 다시 논할 예정이지만, 초광속 여행이라는 주제에서 완전히 벗어나기 전에 흥미로운 가능성 하나에 독자 여러분의 주의를 환기하고 싶다. 빛이 빛보다 빠르게 움직일 가능성이다.

4단계

빛은 빛보다 빠르게 움직일 수 있다

"깨달음은 양자 터널링을 닮았다.
모든 사람이 장벽과 장애물을 볼 때,
깨달은 사람은 무한한 가능성을 보기 때문이다."
— **아미트 레이**Amit Ray, **《한 걸음씩 깨닫기**Enlightenment Step by Step**》**

빛이 빛보다 빠르게 움직이려면 양자 터널링quantum tunnelling으로 알려진 현상에 의존해야 한다.● 시간여행을 논할 때 양자물리학이 거론되는 것은 전혀 이상한 일이 아니다. 우리의 일상적인 경험과 비교할 때 시간여행과 양자물리학은 기이하다는 점에서는 막상막하다. 그리고 양자 터널링은 양자물리학에서도 가장 기이한 현상 중 하나다.

양자 터널링은 양자의 불확정성에 결부되어 있지만, 이 효과

● 여기서는 빈 공간에만 적용되는 맥스웰 방정식이 시사하는 초광속의 가능성만을 논하기로 한다. 빛은 유리나 물 같은 물질 속에서는 더 느리게 움직이지만, 이 현상은 시간여행과는 관계가 없다.

는 확률 측면에서 고려하는 것이 이해하기 가장 쉽다. 확률은 양자물리학의 방정식으로 정확하게 계산할 수 있기 때문이다. 방정식은 전자나 양성자 같은 입자를 특정 장소에서 발견할 확률을 알려준다. 만약 어떤 실험에서 입자의 위치를 측정한다면, 바로 그 순간에 그 입자가 어디 있는지를 알 수 있다는 뜻이다. 그러나 측정을 멈추자마자 우리는 그 입자의 위치를 알 수 없게 된다. 양자적 법칙에 의하면, 문제의 입자는 우리가 그것을 본 곳 근처에 있을 확률이 매우 크지만, 시간이 흐를수록 그 입자가 어딘가 다른 곳으로 가 있을 확률은 점점 더 커진다. 이론상으로는 우주 반대편에 가 있을 수도 있다. 물론 그럴 확률은 매우, 매우 희박하지만 말이다. 우리가 다시 관측(측정)하면 그 입자는 새로운 위치에 가 있을 것이다. 그러나 양자역학의 정수는 그 입자가 한 지점에서 다른 지점으로 공간을 이동하지 않았다는 점이다. 입자는 두 지점 사이의 공간을 가로지르지도 않았는데 처음 위치에서 다음 위치로 가 있다. 우리가 공간을 가로지르는 입자의 궤적이라고 생각하는 것은 실제로는 높은 개연성으로 이루어진 선이며, 마치 그 입자가 우주 반대편까지 이탈하지 않도록 극히 짧은 간격으로 관측을 되풀이했을 경우의 선에 해당한다.•

• 액체를 채운 거품 상자(bubble chamber)라고 불리는 탐지 장치에서 소립자가 그리는 궤적이 거품의 선에 의해 드러나는 것과 똑같은 현상이다.

관통할 수 없어 보이는 장벽을 향해 가는 양성자의 궤적을 떠올려보자. 단언컨대, 양성자는 그 벽에 흡수되거나 튕겨 나올 것이다. 그러나 양성자가 그 벽에 아주 가까이 있을 경우, 다음 순간 마치 터널을 파고 나온 것처럼 벽 반대편에서 출현할 확률은 작기는 하지만 존재한다. 입자의 이동에는 양자론적 불확정성이 따르기 때문이다. 해당 입자의 위치를 정확하게 계산하는 방정식들이 보여주듯이 임의의 순간에 입자의 위치는 글자 그대로 불확실하다. 입자는 A 지점에 있을 수 있고, A에서 조금 떨어진 어떤 지점에도 있을 수 있다. 만약 A 지점이 어떤 순간에 장벽 옆에 있다면, 다음 순간 입자는 장벽 반대편에 가 있을 가능성도 있고, 그 확률은 계산 가능하다. 입자가 장벽에 가로막히리라고 확신할 수 없는 것이다. 여기서 더 중요한 것은, 입자도 자기가 어디에 있을지 모른다는 점이다. 이런 양자론적 불확정성이 발생하는 것은 우리의 측정이 충분히 정확하지 않아서가 아니다. 우주 자체가 바로 그런 특성을 가지고 있다.

이것을 증명하기 위해 여러 실험이 행해졌지만, 현실에서 일어나는 양자 터널링의 가장 좋은 예는 태양이 제공해주었다. 천문학자들은 태양계 행성들의 궤도 연구를 통해 태양의 질량을 확인했고, 질량을 알고 있을 경우 태양이 자신의 무게로 인한 내부 압력으로 붕괴하지 않으려면 그 중심 온도가 얼마가 되어야 하는지를 계산하는 것은 쉽다. 태양을 뜨겁게 유지하는 에너지는 핵융합 반응에서 온다. 이 반응은 기본적으로 양성자(수소 원자핵)를 결합해서 알파 입자(헬륨 원자핵)를 만들어내는 방식으로 이루어지는데, 그 과정에서 약간의 질량이 '상실'되며 에너지의 형태로 방출된다. 그러나 문제가 하나 있었다. 더 정확하게 말하자면, 1920년대 초에 물리학자들이 태양의 핵융합 과정을 처음 거론했을 무렵에는 문제가 하나 있는 것처럼 보였다. 현대의 과학 용어로 이 문제를 설명하자면, 이 과정은 두 개의 양성자가 아주 가깝게 접근해 융합하면서 시작되고, 서로를 끌어당기는 강한 힘—물리학자들은 고지식하게도 이 힘에 그냥 '강력the strong force'이라는 이름을 붙였다—의 도움을 받는다. 그러나 강력은 아주 가까운 거리에서만 작용하기 때문에 양성자들은 융합 과정이 일어나기 전에 서로 아주 가까이 있어야 한다. 문제는 두 양성자 모두 양전하를 띠고 있기 때문에 서로 반발한다는 점이다. 그것들을 맞대는 것은 두 막대자석의 N극을 맞대는 행위와 닮았다. 두 양성자는 빨리 움직일수록 (반발력으로 서로 밀어내기 전에) 정면 충돌할 가능성이 높아지는데, 그것들이 움직이는 속도는 온도에 달려 있다. 그리고 천문학자들이 태양 중심의 온도를 측정해보니 양성자들 사이에서 반발력을 압도할 수 있는 강력이 작용하기에는 너무 낮다는 사실이 판명되었다. 그렇다면 태양은 어떻게 계속 빛을 발할 수 있는 것일까?

짐작하다시피, 양자 터널링 덕이다. 1920년 말에 러시아 출신의 물리학자인 조지 가모프George Gamow는 새로 발견된 양자역학의 법칙들을 핵물리학 분야에 적용하다가 터널링이 핵반응에서 중요한 역할을 한다는 사실을 깨달았다. 양자역학의 법칙을 태양 중심의 조건에 대입해보니, 양성자들이 터널링을 통해 서로를 가로막는 장벽을 넘을 수준까지 근접할 수 있는 온도와 정확히 일치했다. 태양의 중심에서 핵융합 반응이 지속될 수 있었던 것은 양자 터널링 덕이었던 것이다.

알기 쉽게 설명하자면, 태양 중심의 핵융합 반응은 화산의 바깥쪽 사면에서 정상을 향해 공을 굴리는 것과 비슷하다. 공의 속도가 충분히 빠르다면 공은 분화구 가장자리에 도달해서 분화구 안으로 굴러떨어진다. 그러나 속도가 너무 느리다면 산 중턱까지만 올라갔다가 다시 아래로 내려올 것이다.

그러나 양자 터널링이 나타날 경우, 공은 사면의 '충분히' 높은 곳까지 올라가기만 해도 갑자기 분화구 반대편 벽에 출현하고 그대로 분화구 안으로 굴러떨어지게 된다. 사실 '터널'이라는 것은 적절한 용어가 아니다. 입자는 실제로 장벽에 굴을 파고 지나가는 것이 아니라, 장벽 한쪽에서 반대쪽으로 순간적으로 이동하기 때문이다. 빛도 바로 이런 방식을 통해 빛보다 빠르게 움직일 수 있다.

여러분이 받아들여야 하는 양자물리학의 개념이 한 가지 더 있다. 양자 레벨에서 '입자'와 '파동'을 분리된 현상으로 언급하

“시간여행의 문제는 인류 역사상 가장 성공적이면서도 양립하기 어려운 두 물리학 이론인 아인슈타인의 일반상대성이론과 양자역학의 접점에서 발생한다. 아인슈타인의 이론은 항성과 은하 같은 거시 세계를 다루는 반면, 양자역학은 원자와 분자 같은 미시 세계를 훌륭하게 묘사한다.

— 마르틴 링바우어Martin Ringbauer, 인스브루크대학교

는 것은 전혀 적절하지 않다. 모든 양자적 입자는 파동으로 간주될 수 있고, 모든 양자적 파동 역시 입자로 간주될 수 있기 때문이다. 이런 명칭들은 우리가 실제로 무슨 일이 일어나고 있는지를 모른다는 사실을 얼버무리기 위해 쓰는 것들이긴 하지만, 양자 터널링 같은 현상을 계산해보면 어느 쪽 이미지를 선호하든 같은 결과가 나온다는 점만 명심하면 된다.• 이것이 시간여행과 관련되는 이유는 빛을 위시한 그 어떤 종류의 전자기 방사도 단순한 파동이 아니라 광자photon 또는 광양자라고 불리는 입자의 흐름으로 간주될 수 있기 때문이다. 이런 관점을 채택하면 빛이 어떻게 장벽을 통과할 수 있는지를 쉽게 이해할 수 있다. 이 현상은 파동의 형태로도 이해할 수 있지만, 여기서는 더 쉬운 입자의 흐름 쪽을 채택하기로 한다.

• 이 문제에 대해 더 알고 싶다면 내가 쓴 《슈뢰딩거의 고양이를 찾아서》(휴머니스트, 2020)를 읽어보기 바란다.

1990년대에 광자의 양자 터널링을 연구하던 두 연구팀은 각자 놀라운 발견을 했다. 광자가 터널링을 통해 뛰어넘을 장벽을 만드는 방법은 몇 가지 있는데, 그중 내가 가장 좋아하는 것은 17세기 아이작 뉴턴Isaac Newton이 했던 발견을 세 세기 뒤의 양자물리학자들이 다시 활용한 실험이다. 당시 뉴턴은 유리로 만든 삼각 프리즘을 통과한 한 줄기의 태양 광선이 무지개빛 색깔 띠로 분산되는 방식에 큰 흥미를 느꼈고, 중요한 실험 하나를 통해 두 번째 프리즘을 쓰면 무지개빛 색깔 띠를 재조합해서 다시 한 줄기의 백색광으로 돌려놓을 수 있다는 사실을 입증했다.

이는 태양의 백색광이 무지개의 모든 빛을 섞은 빛이며, 당시의 통념과는 달리 무지개색들이 그것이 통과한 유리 프리즘에 의해 추가된 것이 아니라는 증거였다. 뉴턴이 수행한 일련의 실험은 두 개의 삼각 프리즘의 납작한 측면을 서로 평행한 형태로 배치하고 두 측면 사이에 좁은 간격을 두는 방법이었는데, 그 과정에서 뉴턴은 어떤 흥미로운 현상이 발생하는 것을 알아차렸다. 태양 광선—광자의 흐름—이 특정 각도로 삼각 프리즘의 한쪽 면을 통해 진입할 경우, 광선은 그대로 프리즘을 통과하는 대신 프리즘의 반대쪽에 도달하면서 반사되어 세 번째 면에서 튀어나왔던 것이다. 이런 내부 반사 현상은 쌍안경이나 잠망경 같은 기구에서 쓰이는 것을 보면 알 수 있듯이 실용적으로도 쓸모가 많지만, 여기서 중요한 점은 프리즘의 두 번째 면이 광자

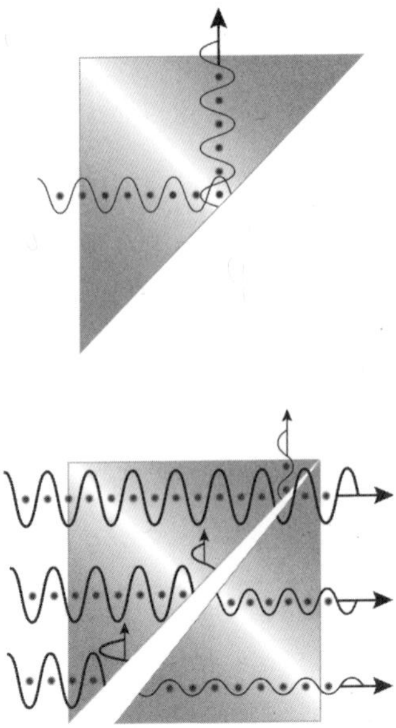

그림 5 빛이 굴절되지 않고 100퍼센트 반사되는 프리즘의 내부 전반사 현상. 두 번째 프리즘과의 간격이 좁을수록 양자 터널링으로 간격을 건너뛰는 광자의 수가 많으며, 간격이 넓을수록 줄어든다. 프리즘과 프리즘 사이 간격에 광자는 존재하지 않으며, 간격 만큼의 거리를 '순간이동' 한다.

를 튕겨내는 관통 불가능한 장벽으로 작용한다는 사실이다. 그러나 언제나 그런 것은 아니었다! 뉴턴의 놀라운 발견은 빛을 반사하는 측면과 평행되는 형태로 두 번째 프리즘을 배치하고, 이 두 프리즘 사이에 아주 좁은 간격을 둘 경우, 반사되어야 할 빛의 일부가 두 번째 프리즘에 도달해서 계속 전진한다는 사실이었다. 뉴턴은 이 사실을 도무지 이해할 수가 없어서 당혹스러워 했다.● 그로부터 300년이 지난 후, 뉴턴의 실험에서 광자들이 한 쪽 프리즘과 다른 쪽 프리즘 사이의 간극을 터널링을 이용해서 건너뛰었다는 사실이 명백해졌다. 터널링은 시간 지연 없이 순간적으로 작용하므로, 이 경우 빛은 프리즘 사이의 간격을 빛보다 빠르게 '이동'했다는 이야기가 된다. 그리고 1990년대에 수행된 실험들은 이 현상을 실제로 측정하는 데 성공했다.

측정 자체에는 첨단 기술이 활용되었지만 개념 자체를 설명하는 것은 쉽다. 광원에서 나온 광자는 진공 공간에서 미리 측정된 일정 거리를 이동한 후 장벽에 도달하는데, 이것은 두 개의 거울을 서로 등지게 맞대고 그 사이에 일정한 간격을 두는 것과 같다고 생각해도 좋다. 장벽을 뚫고 날아온 광자 일부는 거울 면에 반사되는 대신 순간적으로 반대편 거울 '바깥'으로 (마치 두 번째 거울에서 홀연히 출연한 것처럼) 나온다. 그런 다음에는 미리 측정해놓은 거울들 사이의 일정 거리를 이동해서 탐지기까지 도달한다. 문제를 단순화하기 위해서 광자가 거치는 세 단계의 이동 거리가 모두 같다고 해보자. 처음 두 단계에서 광자는 아인슈

● 이 현상 못지않게 당혹스러웠던 것은, 두 번째 프리즘을 빼내면 빛이 밖으로 도망치지 않고 첫 번째 프리즘 내부에서 완전히 반사된다는 사실이었다. 어떤 이유에선가 광선은 두 번째 프리즘이 밖에 있다는 사실을 '알고' 있는 것처럼 보였다. 더 자세한 설명을 원한다면《이토록 기묘한 양자》참조.

“ 눈부시게 예쁜 브라이트라는
귀부인이 있었는데
그녀의 속도는 빛보다 빨랐다네
어느 날 그녀는
상대적인 길로 마실을 갔다가
전날 밤으로 되돌아왔다네

—《펀치Punch》,
1923년 12월 19일 호

타인 방정식의 c가 의미하는 광속으로 움직인다. 두 번째 단계를 이동할 때는 아예 시간이 걸리지 않는다. 따라서 빛은 보통 두 단위의 거리를 이동할 때 걸린 시간만으로 세 단위의 거리를 이동했다는 이야기가 된다. 바꿔 말해서 빛은 $1.5c$, 즉 광속의 1.5배로 세 단위의 거리를 이동했다. 그리고 그 과정에서 빛은 극미의 시간이긴 하지만 과거로 거슬러 올라갔다.

1990년대 캘리포니아대학교 버클리캠퍼스의 레이먼드 자오Raymond Chiao와 그의 동료들도 같은 방식의 실험을 수행했다. 그들은 $1.7c$의 속도에 달한 빛을 측정했지만, 이것이 실제 시간여행의 실마리가 될 것이라고는 생각하지 않았다. 벤포드의 소설처럼 타키온 빔 따위를 사용해서 과거로 메시지를 보낸다거나 하는 식의 응용법은 말할 나위도 없다. 광자로 구성된 빛의 줄기가 장벽에 도달할 때 어느 광자가 양자 터널링으로 인해 장벽을 넘고 어느 광자가 넘지 못하는지를 예측할 방법이 없기 때문이다. 메시지가 제대로 정보를 전달할 수 있으려면 다수의 광자를 배열해야 하지만, 이들은 장벽을 넘는 과정에서 뒤죽박죽되어버린다.

그러나 비슷한 실험을 수행한 쾰른대학교의 귄터 니미츠Günter Nimtz 연구팀은 정보를 광속보다 빠르게 과거로 전달할 수 있다는 사실을 입증했다. 1994년의 실험에서는 마이크로파 방사를 이용했는데(이미 말했듯이 이런 맥락에서는 전자기를 파동으로 기술하든 입자로 기술하든 아무 차이도 없다), 모차르트 교향곡 40번의 도입부를 마이크로파로 기록해서 터널링을 실험했고, 장벽 반대편에 도달한 마이크로파를 다시 기록했다. 마이크로파의 속도는 4.7*c*에 달했다. 결과물의 음질은 썩 좋지 않았지만 여전히 음악으로 감상할 만했다. 바꿔 말해서, 모차르트의 음악은 광속의 네 배를 넘는 속도로 이동했던 것이다. 그것이 전달한 정보의 양은 원래의 고음질 버전에 포함된 정보량보다는 적었지만, 정보를 포함하고 있었다는 점에는 변함이 없었다. 그리고 그 정보는 시간을 역행했다.

니미츠가 MIT 강연에서 이 녹음 기록을 재생해 보이자 많은 사람들이 황망해했다. 니미츠가 아스트리트 하이벨Astrid Haibel과 함께 쓴 책•에 의하면 "청중은 한순간 말을 잊었다. 그들은 **신호 하나라도**(앞의 굵은 글씨는 저자들이 강조한 부분이다) 놓칠세라 이 초광속 음악에 귀를 기울였지만, 이 사실을 쉽게 받아들이지 못했

• 영어판에 관한 정보가 권말의 '추천 도서 목록'에 포함되어 있다. 기술적인 설명이 많고 번역이 좀 껄끄럽긴 하지만, 충분히 읽을 가치가 있는 책이다.

다." 1990년대 초부터 이런 종류의 실험들이 점점 더 정교해지면서 이제는 단 한 개의 광자만을 쓰게 되었지만, 결과는 언제나 같았다. 니미츠가 설명했듯이 "양자 터널링은 양자역학의 일부이고, 특수상대성이론으로는 설명될 수 없다."

시간을 넘어 신호를 보낼 경우의 문제는 관측되는 시차가 너무 작다는 점이다. 모차르트의 음악이 시간여행이 없는 경우의 예상치보다 더 빨리 도달한 것은 맞지만, 그 차이는 눈의 깜박임이나 심장의 고동보다 훨씬 더 작았다. 니미츠는 다른 문제에 관해서도 언급했다. 신호가 지속되는 시간은 유한하다. 니미츠의 실험에서 신호의 첫 부분은 입구에 들어가기도 전에 출구에 도착할 수 있다. 그러나 메시지를 읽으려면 우선 해당 신호의 뒷부분이 남은 부분을 따라잡아야 한다. 이 실험의 시간 척도를 더 확대해서 신호 전체가 발신되기도 전에 도착할 수 있게 한다면 정말로 흥미로울 것이다. 이것이 소설이나 영화에 등장하는 미친 과학자의 몽상처럼 들릴지도 모른다. 그러나 미치지는 않았지만 상상력이 풍부했던 어떤 과학자는 자오와 니미츠의 실험이 세상에 알려지기 반세기나 전에 소설을 통해 어떻게 이런 몽상을 실현할지에 관한 힌트를 내놓았다. 그 과학자의 이름은 아이작 아시모프였고, 그가 쓴 소설은 가상의 화합물인 티오티몰린 Thiotimoline의 성질에 관한 것이었다.

아시모프는 1919년 말 혹은 1920년대 초 러시아에서 태어났

THE ENDOCHRONIC PROPERTIES OF RESUBLIMATED THIOTIMOLINE

BY ISAAC ASIMOV

An article on a remarkable chemical substance. This one seems to have escaped from the J.A.C.S.—probably by request.

The correlation of the structure of organic molecules with their various properties, physical and chemical, has in recent years afforded much insight into the mechanism of organic reactions, notably in the theories of resonance and mesomerism as developed in the last decade. The solubilities of organic compounds in various solvents has become of particular interest in this connection through the recent discovery of the endochronic nature of thiotimoline.[1]

It has been long known that the solubility of organic compounds in polar solvents such as water is enhanced by the presence upon the hydrocarbon nucleus of hydrophilic —i.e. water-loving—groups, such as the hydroxy (-OH), amino (-NH_2), or sulfonic acid (SO_3H) groups. Where the physical characteristics of two given compounds—particularly the degree of subdivision of the material—are equal, then the time of solution—expressed in seconds per gram of material per milliliter of solvent—decreases with the number of hydrophilic groups present. Catechol, for instance, with two hydroxy groups on the benzene nucleus dissolves considerably more quickly than does phenol with only one hydroxy group on the nucleus. Feinschreiber and Hravlek[2] in their

120 ASTOUNDING SCIENCE-FICTION

그림 6 왼) 1981년 말년의 아이작 아시모프. 오) 《어스타운딩》에 실린 아시모프의 패러디 논문 〈재승화된 티오티몰린의 내부시향적 속성〉. 논문에 따르면 티오티몰린에는 최소 14개의 하이드록시기, 2개의 아미노기 및 1개의 설폰산기가 포함되어 있으며 부분적으로 방향족 구조라고 한다.

지만 1923년에 가족과 함께 미국으로 이주했다. 공식적인 출생 기록이 사라진 탓에 그는 1월 2일을 자기 생일로 삼았다. 아시모프는 1939년부터 SF 단편을 쓰기 시작했다. 제2차 세계대전 중 잠시 해군 시설에서 일하느라 중단했던 대학원 과정을 재개한 그는 1940년대 말 컬럼비아대학교 화학과에서 박사학위를 땄다. 박사학위 논문은 카테콜 실험에 관한 것이었다. 자연발생적인 화학물질인 카테콜은 깃털 같은 흰 결정을 형성하며, 물에 아주 쉽게 녹는 성질이 있었다. 훗날 아시모프가 회상한 바에 의하면, 어느 날 실험을 하려고 카테콜 결정을 물에 넣던 중 문득 이 물질이 지금보다 더 빨리 녹는다면 아예 물에 닿기도 전에 녹아버릴지도 모른다는 생각이 떠올랐다고 한다. 그 후 아시모프는 논문 집필의 스트레스에서 잠시 벗어나 머리를 식힐 목적으로 일종의 패러디 과학 논문을 썼다. 논문의 제목은 〈재승화된 티오티몰린의 내부시향적• 속성The Endochronic Properties of Resublimated Thiotimoline〉•• 이었는데, 물을 넣기 1.12초 전에 용해되어버리는 가상의 물질에 관한 것이었다. 그리고《어스타운딩》의 편집장으로 활약하던 존 W. 캠벨이야말로 이 논문을 읽어줄 적격자였다. 캠벨은 흔쾌히 이 글을 실어주겠다고 했지만 아시모프는 이런 경박한 글을 발표했다가 혹시 논문 심사위원들의 눈 밖에 날까 우려했고, 결국 소설은 필명으로 발표하게 되었다. 하지만 작품은《어스타운딩》1948년 3월 호에 필명이 아니라 본명으로 실렸다. 아시모프 본인도 훗날 인정했듯이 캠벨의 촉은 역시 옳았다. 이 작품을 읽고 불쾌해한 사람은 아무도 없었고, 아시모프는 무사히 박사 학위를 땄으며, '아시모프'라는 이름이 학계뿐만 아니라 SF 팬들 사이에서도 유명해졌기 때문이다.

• '내재된(endo)'이라는 접두사에 '시간지향적(chronic)'을 결합한 아시모프의 조어다—옮긴이 주.

•• https://www.goodreads.com/en/book/show/17835445-the-endochronic-properties-of-resublimated-thiotimoline 참조.

문제의 '논문'에 포함된 중요한 대목을 읽어보면 이 책의 주제와 밀접한 관계를 가지고 있다는 사실을 알 수 있다.

> 이 화학물질이 물을 첨가하기도 전에 용해된다는 사실은 자연스레 용해 후와 첨가 전에 물을 제거해보는 시도로 이어졌다. 질량과 에너지 보존 법칙의 입장에서는 다행스럽게도, 이런 시도는 단 한 번도 성공하지 못했다. 나중에 물을 첨가하지 않는다면, 용해 현상은 아예 일어나지 않았기 때문이다. 그 즉시 다음과 같은 의문이 떠오른 것은 당연하다. 티오티몰린은 나중에 물이 첨가될지 안 될지를 어떻게 미리 '알' 수 있었을까?

이런 현상이 실제로 성립하려면 어떤 식으로든 시간을 거슬러 올라가는 통신 수단이 필요하다는 점은 명백하다.

그러나 티오티몰린의 연대기는 아직 시작에 불과했다. 1953년 티오티몰린에 관한 두 번째 '논문'이 등장했기 때문이다. 나는 이 두 논문을 1957년에 나온 아시모프의 과학 에세이집 《1조에 불과해Only a Trillion》에서 처음으로 읽었다. 그러나 이 책과 가장 깊은 연관성을 가지고 있는 것은 1960년에 발표된 세 번째 티오티몰린 이야기인 〈티오티몰린과 우주여행 시대Thiotimoline and the Space Age〉다. 이 작품에서 아시모프는 티오티몰린을 넣은 7만 7,000개의 격실을 상호 연결되도록 배열한 '원격 시간 역전 배열telechronic battery'이라는 장치를 묘사한다. '엔도크로노미터endochronometer'라는 이런 격실 하나에 물을 첨가해서 티오티몰린의 용해를 촉발하면, 다음 격실에서도 자동으로 물이 첨가되는 식으로 작동하고, 그 결과 이 배열 끝에 위치한 격실의 티오티몰린은 첫 번째 격실에 물이 첨가되기 정확히 하루 전에 용해된다. 문제가 발생한 것은 연구자들이 아예 물을 첨가하지 않음으로써 이 장치를 속이려고 했을 때였다. 그럴 경우에는 예외 없이 어떤 사고나 자연(?) 재해로 인해—이것은 급기야 허리케인으로까지 발달한다—격실 내부로 물이 침입했다. 1973년에 발표된 이 시리즈의 마지막 이야기인 〈별들로 간 티오티몰린Thiotimolin to the Stars〉의 배경은 먼 미래인데, 이 이야기에는 이미 용해된 티오티몰린 샘플이 들어 있는 장치에 물을 첨가하지 않을 경우, 티오티몰린은 물을 찾아서 미래로 간다는 이론적인 '설명'이 딸려 있다.

자오와 니미츠가 수행한 실험들에 대해 이런 가상 시나리오가 시사하는 바가 무엇인지는 명백하다. 중간에 간격을 두고 서로 등을 맞대는 식으로 배치된 거울들과 마찬가지로 여러 겹의 장벽이 있는 실험 장치는 아시모프가 묘사한 7만 7,000개의 '엔도크로노미터'의 배열과 크게 다르지 않으며, 장벽의 수는 양자 터널링에 의해 광자가 시간을 역행하는 길이와 정비례한다. 이것이 실현될 가능성은 아직 낮지만, 실현 자체를 막는 물리법칙 따위가 존재하지 않는 것도 사실이다. 니미츠와 하이벨이 요약했듯이, "시간은 존재하지 않지만 통과 가능한 공간의 존재는 입증 가능"하며 엄연한 사실이기 때문이다.

이럴 경우 또 문제가 되는 것은 우리의 미래광추에 속한 '세계선'들이 과거광추의 경우처럼 얼어붙은 채로 시공간에 박제되어 있는지의 여부다. 그러나 나는 그것이 시사하는 바들을 알아보기 전에 시공간의 광추들을 기울임으로써 시간이 공간 차원의 하나가 될 가능성부터 논하고자 한다. 지구상의 연구실에서 실현될 가망은 없어 보이지만, 우주 쪽에서 우리를 도와줄 가능성은 있어 보이므로.

5단계

회전하는 원통과 전역 인과율 위반 가능성

"모든 인간은 누군가의 백일몽에서 시작되었다."

— **래리 니븐**Larry Niven

20대에 특수상대성이론을 발표한 아인슈타인처럼 수리물리학자들은 비교적 젊은 시절에 최상의 업적을 내놓는 경우가 많다. 처음으로 일반상대성이론의 방정식을 시간여행에 적용한 사람 또한 27세였고, 일반상대성이론 자체도 당시에는 발표된 지 22년밖에는 안 된 젊은 이론이었다. 빌럼 야코프 판 스토쿰Willem Jacob van Stockum은 1937년에 아인슈타인 방정식에 대한 해를 발표했지만, 그 후 그의 천재적인 재능이 어떻게 발전했는지 우리는 알 수 없다. 네덜란드인이었던 그는 영국 공군에 자원 입대해서 1944년에 랭카스터 폭격기를 타고 나치 점령하의 유럽 영공을 날다가 격추당해 전사했기 때문이다.

> “시간여행은 가능하지만, 과거로 돌아가서 자신을 죽일 수 있는 사람은 절대로 나오지 않을 것이다.
>
> — 쿠르트 괴델

판 스토큼의 해가 다루는 현상은 현실적인 것과는 거리가 멀었다. 먼지로 이루어진 무한하게 긴 회전 원통 근처의 시공간에서 일어나는 일을 기술하고 있기 때문이다.

판 스토쿰의 방정식에 의하면 특정 경로를 따라 이 원통 주위를 도는 사람 또는 물체는 다시 출발점으로 돌아오게 된다. 이것은 상대성이론의 수학적 설명에 포함된 특이한 변칙성 정도로 치부되었지만, 수학자들은 언제나 이런 변칙성에 매료되는 법이다. 그리고 이 경우 스토쿰의 뒤를 이어 이 예측에 매료된 사람은 당대 최고의 수학자 중 한 명인 쿠르트 괴델Kurt Gödel이었다. 그는 1906년에 현재의 체코 공화국에서 태어났지만 1940년경 미국으로 이주했다.

1931년에 괴델은 산술이 불완전하다는 사실을 증명한 논문을 발표하면서 수학계 전체를 충격에 빠트렸다. 간단한 산술을 기술하기 위한 규칙 체계를 설정할 경우, 그 체계의 규칙을 이용해서 증명하거나 반증할 수 없는 산술 명제가 반드시 존재한다는 사실을 밝힌 것이다. 이것은 '괴델의 불완전성 정리'라고 불린다. 일상생활에서 이 정리는 문제가 되지 않는다. 2 더하기 2는 여전히 4다. 하지만 수학의 세계에서는 참인지 거짓인지 증명할 수 없는 것이 생겨난 꼴이었다.

이것은 "이 명제는 거짓이다"라는 문장과도 약간 비슷하다. 만약 이 문장이 참이라면 명제는 거짓이어야 한다. 만약 이 문장이 거짓이라면 명제는 참이어야 한다. 따라서 "이 문장은 참인가 거짓인가?"라는 질문에는 대답할 방법이 없는 것이다. 그렇다고 해서 우리가 언어 사용을 중지하는 것은 아니며, '불완전성 정리'가 있다고 해서 우리가 산술 계산을 안 하게 되는 것도 아니다. 그러나 산술이 불완전하다는 사실을 증명할 수 있는 사람에게 일반상대성이론은 식은 죽 먹기나 다름없었고, 괴델은 이와 관련해서 한층 더 인상적인 수학 증명을 내놓았다.

1949년, 팽창하는 우주라는 개념이 아직 널리 받아들여지지 않았고 과학자들—우주론자들—이 우주가 왜 중력에 의해 붕괴하지 않는지 의아해하고 있을 무렵, 괴델은 우주 전체가 회전함으로써 붕괴를 막고 있을지도 모른다는 가설을 제기했다. 팽창하는 우주에 특정한 중심점이 없는 것과 마찬가지로 회전하는 우주에도 특정한 회전 중심이 있을 필요가 없다. 팽창하는 우주에서는 당신이 어디에 있든 우주가 당신을 중심으로 팽창하고 있는 것처럼 보이며, 이와 마찬가지로 괴델의 우주에서는 어디에서 우주를 관측하든 우주는 관측자를 중심으로 회전하고 있는 것처럼 보일 것이다. 그리고 괴델은 해당 방정식을 풀며 또 하나 새로운 사실을 발견했다.

"자전하는 지구는 마치 꿀 속에 잠겨 있는 것과 마찬가지다. 지구는 주위의 꿀을 이끌며 자전한다. 시공간도 마찬가지여서, 지구는 주위의 시공간을 함께 이끌며 자전한다.

— 프랜시스 에버릿Francis Everitt

거대한 물체가 회전할 때, 해당 물체는 주위의 시공간을 함께 이끌며 회전한다. 병에 든 묽은 꿀을 숟가락으로 빙빙 휘저을 때 주위의 꿀이 함께 끌려오는 광경을 상상하면 된다. 회전하는 우주가 주위의 시공간을 이끄는 방식은 무한하게 긴, 먼지로 된 원통이 회전할 때 일어나는 현상과 유사하다. 3차원 공간에서 입방체를 기울이는 광경을 상상해보라. 상대론자들은 입방체가 아니라 '광추'를 기울인다는 표현을 선호하겠지만, 우리 입장에서는 그게 그거라고 봐도 된다. 그렇게 입방체를 계속 기울이다 보면 윗면이었던 것은 측면이 되고, 측면이었던 것은 윗면이 된다. 그런 식으로 4차원 시공간이 기울어지면 공간 차원 중 하나는 시간처럼 작용하고, 시간 차원은 공간 차원 중 하나가 된다. 이는 곧 시간을 여행하는 것이다.

괴델의 우주에서는 시공간의 임의의 점에서 출발해 공간 차원처럼 보이는 폐쇄된 경로를 따라 움직일 수 있지만, 마지막에는 출발했던 바로 그 시점과 장소로 되돌아가게 된다. 이를 닫힌 시간 꼴 고리Closed Timelike Loop, CTL 또는 닫힌 시간 꼴 곡선Closed Timelike Curve, CTC이라고 부른다. CTL에서는 적절한 경로—물리학자의

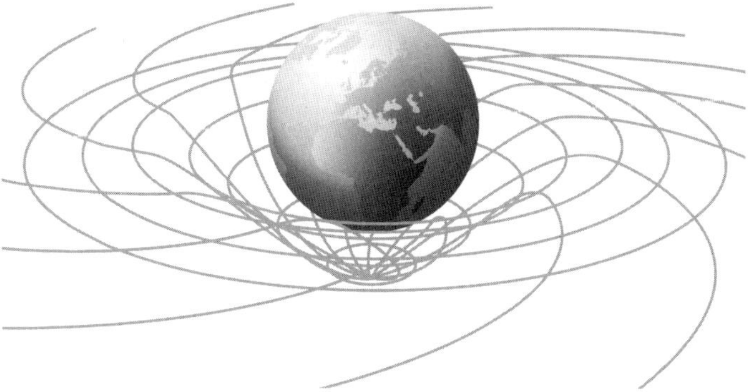

그림 7 질량이 매우 큰 물체가 회전하면 주변의 시공간도 함께 회전하는 틀 끌림 현상이 일어난다. 2023년, 한국의 공동연구팀이 23년간의 데이터 분석을 거쳐 M87 블랙홀의 틀 끌림 현상을 입증해내기도 했다.

표현을 쓰자면 궤도—를 택할 경우 과거로 돌아가는 일까지 가능하다. 그러나 그러기 위해서는 의사 공간pseudospace이라고 할 만한 공간을 오랫동안 이동할 필요가 있다. 시간여행자의 시간은 그곳을 이동하는 중에도 계속 흐르기 때문이다. 〈3단계: 빛보다 빨라지면 시간을 거슬러 오른다〉에서 언급했던, 시공간의 시간 방향을 향해 나아갔던 낙관적인 시간여행자를 떠올려보라. CTL 여행자의 상황이 그 정도로 나쁘지는 않지만 출발점으로 돌아가려면 당신이 탄 우주선의 시계로 몇천 년이나 걸릴 수도 있다.

CTL을 만들어내려면 우주는 700억 년에 한 번꼴로 회전해야 한다. 실제로 그렇게 빨리 회전한다면 가장 짧은 CTL의 길이가 약 1,000억 광년에 달하게 된다. 따라서 광선조차도 우주를

“이 문제의 핵심은 물리법칙이 시간여행을 허용한다는 사실이다.

— 브라이언 그린Brian Greene

한 바퀴 돌아서 시공간의 출발점으로 돌아가려면 1,000억 년이 걸린다는 이야기다. 우리 우주의 나이는 140억 년에서 조금 못 미치는 정도인 데다가, 우주배경복사 등의 현상에 관련된 연구는 우주가 회전하고 있다는 아무런 징후도 포착하지 못했다. 그럼에도 아인슈타인 방정식에 대한 괴델의 해가 중요한 이유는 시간여행이 일반상대성이론을 위반하지 않는다는 점을 밝혔기 때문이다. 그리고 **물리학에서 금지되지 않은 일은 강제되는 법**이다.

회전 원통과 CTL에 관한 탐구는 여기서 끝나지 않았다. 1973년 메릴랜드대학교의 수리물리학 연구자였던 프랭크 티플러Frank Tipler는 관련 물질을 충분히 압축하고 회전 속도를 극대화하면 전 우주보다 훨씬 작은 질량으로도 같은 효과를 낼 수 있다는 사실을 깨달았다. 나는《뉴 사이언티스트New Scientist》와 함께 일하고 있을 무렵 티플러와 이 아이디어에 관해 직접 토론한 적이 있었고, 그 뒤로 줄곧 이 주제에 주목해왔다. 실현 가능한 타임머신의 청사진은 1974년에 입자물리론과 우주론 등을 다루는 학술지인《피지컬 리뷰 D》•에 실린 논문 〈회전하는 원통과 전역 인과율

• 제9권, 2203-2206쪽.

위반 가능성Rotating Cylinders and the Possibility of Global Causality Violation〉을 통해 처음으로 제시되었다. SF 작가 래리 니븐은 1977년에 티플러의 이 논문 제목을 그대로 딴 단편을 발표했고, 이 단편은 1979년 뉴욕 델레이출판사에서 나온 그의 작품집《수렴급수The Convergent Series》에서 읽을 수 있다. 여기서 말하는 '전역 인과율 위반'이란 '시간여행'을 의미한다.

티플러는 시간여행의 가능성을 탐구하면서 그 무엇도 당연시하지 않았고 모든 개념을 제1원리로 돌아가서 고찰했다. 그는 일반상대성이론의 방정식들을 직접 풀어보고 이 이론이 CTL의 존재를 허용한다는 점을 확인했다. 이것은 CTL을 따라 이동하는 여행자가 시간을 거슬러 올라간다는 점을 시사한다. 그다음에는 시간여행을 가능하게 하는 조건들이 무한하게 긴 물체나 전 우주를 가정하지 않더라도 우주의 국소 영역에서 일어날 수 있는지를 확인했다. 결론은 '그럴 수 있다'였다. 티플러는 이 모든 계산을 마친 뒤에야 그 조건을 인위적으로 (적어도 이론상으로) 만들어낼 수 있는지 알아보기 시작했다. 바꿔 말해서, 작동 가능한 타임머신을 만드는 것이 가능한지를 탐구했던 것이다. 결론은 이번에도 '그럴 수 있다'였다.

핵심은 회전이었다. 그러나 자연물이든 인공물이든 이런 종류의 타임머신은 벌거숭이 특이점naked singularity이라고 불리는 것을 필요로 한다. 구체적으로는, 회전하는 벌거숭이 특이점을 필요로 한다. 특이점이란 블랙홀의 중심에 존재하며(블랙홀에 관해서는 〈6단계: 초보자를 위한 시간 터널링〉에서 좀 더 자세히 언급하겠다) 물질이 중력에 의해 짜부라져 완전히 소멸하는 영역이다. 벌거숭이 특이점은 블랙홀 안에 숨어 있지 않은 특이점을 의미하며, 그런 물체는 블랙홀이 폭발할 때—또는 빠르게 회전하는 거대한 물체가 붕괴할 때—잠깐 외부에 노출될 수 있다. 시간을 거슬러 올라가려는 사람에게는 바로 그 '잠깐'으로도 충분하다.

이 특이점에서 멀리 떨어진 탓에 중력장이 약한 영역에서 과거와 미래는 편평한 시공간에 있을 때와 마찬가지의 성질을 가진다. 그러나 회전하는 특이점에 접근할수록 더 많은 양의 시공간이 중앙의 특이점 회전 방향으로 기울어진다. 그런 시공간 영역에 있는 사람들에게는 모든 것이 정상적이고 시간도 평소처럼 흐르며 특수상대성이론의 법칙들도 여전히 효력을 발휘한다. 그러나 멀리 떨어진 편평한 시공간에서 관찰하는 사람의 눈에는 회전하는 물체 근처의 시간과 공간이 수행하는 역할은 왜곡된 것처럼 보인다. 일단 중심이 되는 물체 주위의 시간이 왜곡된다. 여행자는 편평한 시공간에서 왜곡의 영향이 미치는 영역으로 이동한 다음, 멀리 있는 관측자에게는 공간상의 원처럼 보이는 궤적을 따라 움직일 수 있다. 시간 축을 전혀 이동하지 않고서도 말이다! 여행자는 이 궤적 주위의 모든 곳에 동시에 존재하게 될 것이다. 원한다면 시간 축 주위로 완만한 나선을 그리는

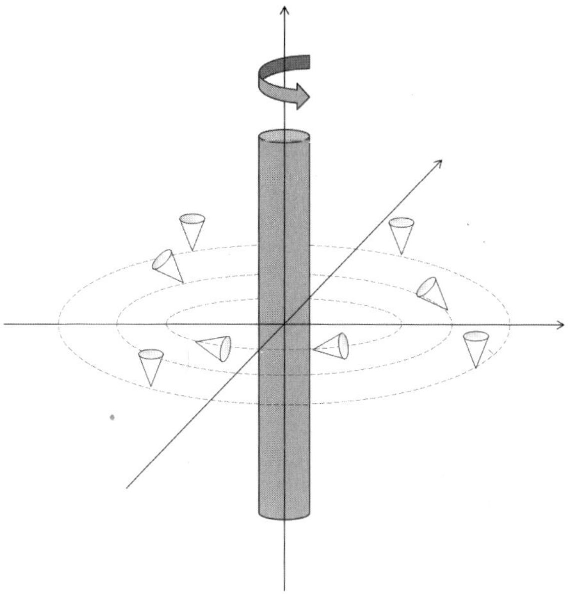

그림 8 틀 끌림 현상에 의해 광추가 시공간의 굴곡에 따라 함께 회전하며 회전 축에 변화가 생긴다. 시간 축이었던 것은 공간 축이 되고, 공간 축이었던 것은 시간 축이 된다.

경로를 따라가면서 시간을 역행할 수 있다. 그는 계속 같은 공간상의 지점으로 되돌아가겠지만 시간적으로는 점점 더 과거로 가게 된다. 그런 다음에는 회전하는 물체에서 떨어져 나와서 통상적인 편평한 시공간으로 이동하면 된다. 다만, 과거의 편평한 시공간으로 말이다.

티플러가 말했듯이 "여행자는 중력장이 약한 영역, 이를테면 지구 근처의 공간에서 출발해서 기울어진 광추의 영역으로 간

다음에 음의 시간 방향으로 이동하고, 그런 다음에는 다시 중력이 약한 영역으로 되돌아오면 된다. ……만약 여행자가 중력장이 강한 영역에서 음의 시간 방향으로 충분히 이동했다면, 여행자는 자신이 출발하기 전의 지구로 갈 수 있다. 이런 식으로 지구의 과거 어떤 시간으로도 갈 수 있는 것이다. 이것은 진정한 시간여행의 한 예다."

앞에서도 시사했듯이 티플러 타임머신을 만드는 경우에는 보너스가 하나 더 추가된다. 벌거숭이 특이점은 한순간만 존재하면 된다. 왜냐하면 외부 시간의 바로 그 순간, 특이점에 연결되어 있는 CTL은 타임머신이 만들어진 순간부터 미래까지 곧바로 이어지기 때문이다. 그렇다면 이런 질문이 나올 수밖에 없다. 어떻게 하면 그런 장치를 건조할 수 있을까?

가장 좋은 방법은 우주에서 자연적으로 형성된 회전하는 작은 천체를 찾아내서 CTL이 형성될 때까지 회전 속도를 올리는 것이다. 지금까지 알려진 가장 작고 밀도가 높은 천체는 중성자별neutron star로 알려져 있는데, 각 중성자별은 태양의 질량보다 조금 큰 질량을 에베레스트산 크기의 공간에 채워 넣은 초고밀도의 물체다. 그중 다수는 회전할 때마다 등대가 빛을 내쏘듯이 주기적으로 전파를 내쏘기 때문에 지구의 탐지 장치로도 많이 발견되었다. 이런 중성자별은 펄서pulsar라고 불리며, 그중 일부는 초당 수백 회에 달하는 빠른 속도로 회전한다. 이 속도는 타임머

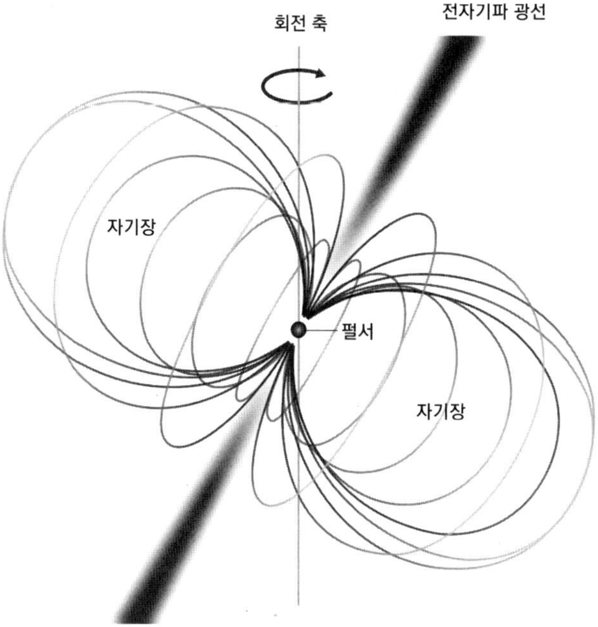

그림 9 펄서의 존재는 1960년대에 처음 발견되었으며, 초고에너지 우주선의 근원적인 후보 중 하나다.

신을 생성할 수 있는 회전 속도에 감질날 정도로 가깝다. 티플러는 길이 100킬로미터에 폭이 10에서 20킬로미터에 달하고 우리 태양에 맞먹는 질량을 가진 거대한 원통을 우주에서 찾아내서 매 밀리초당 두 번 회전시킨다면 그 중심에 CTL과 연결된 벌거숭이 특이점이 형성될 것이라고 계산했다. 그 회전 속도는 지금까지 관측된 가장 빨리 회전하는 펄서의 세 배에 불과하다. 따라서 열 개의 중성자별을 가져와서 극과 극을 결합한 다음 충분히 빨리 회전시키기만 하면 티플러 타임머신을 건조할 수 있다는 이야기다.

정말로 티플러 타임머신을 건조할 수 있다면 공학상의 위업이 될 것이다. 그러기 위해서는 일단 열 개의 중성자별을 찾아낸 다음에 공간의 한 지점으로 끌고 와서 구슬을 꿰듯이 한 줄로 꿴 다음, 그 원통을 극도로 빠른 속도로 회전시켜야 한다. 원통의 테두리가 광속의 반에 달하는 속도로 움직일 때까지 말이다. 이런 회전에 수반되는 에너지는 원통 자체의 정지 질량 에너지(아인슈타인 방정식의 mc^2에 해당한다)와 거의 동일하다. 티플러에 의하면 "이 에너지는 너무나도 강력해서 그것에 수반되는 원심력이 회전하는 원통 본체를 갈가리 찢어버릴" 가능성도 있다. 그리고 이 원통은 수평 방향으로 찢겨나가려고 하는 동시에 수직 방향으로도 붕괴하려는 힘을 받고 있다. 블랙홀로 수렴하려는 열 개 중성자별의 인력이 작용하고 있기 때문이다. 파국을 피하려면 원통 전체를 빳빳하게 유지할 수 있을 정도로 강력한 에너지를 가진 모종의 힘에 기대는 수밖에 없다.

놀라운 것은 그런 힘이 존재할지도 모른다는 점이다. 이른바 우주끈cosmic string이라고 불리는 우주론의 기괴한 예측에서 비롯되었다. 우주끈이 정말로 존재한다면, 그것은 빅뱅의 잔재에 해당하는 일종의 물질이다. 우주끈은 우주 전체를 가로지르며 뻗어나가거나 고무줄처럼 닫힌 고리를 형성하지만, 폭이 원자보다 훨씬 좁다는 특징을 가지고 있다.

쉽게 말해서 우주가 태어났을 때의 상태 그대로의 에너지로 가득 찬, 극히 가는(폭이 좁다는 맥락에서 그렇다는 이야기다) 튜브를 연상하면 된다. 그런 끈들의 끝은 열려 있지 않다. 열려 있었다면 그 안의 에너지는 일찌감치 밖으로 새어 나왔을 게 뻔하기 때문이다. 따라서 우주끈들은 닫힌 고리를 형성하거나, 우주 전체에 걸쳐 있는 수밖에 없다. 우주끈의 직경은 원자핵의 직경보다 훨씬 작지만, 우주끈에 저장된 에너지 총량이 워낙 막대하기 때문에 단 1미터 길이라 해도 (고리 모양의) 우주끈의 무게는 지구의 무게에 맞먹는다.

우주끈의 여러 흥미로운 성질 중 하나는 음의 장력을 가지고 있다는 점이다. 음의 장력이란 우주끈을 잡아당겨 늘렸을 때, 끈이 원래 모양으로 되돌아오는 게 아니라 도리어 더 늘어진다는 뜻이다. 이러한 우주끈은 티플러 타임머신이 CTL을 형성할 때까지 충분히 오랜 시간 동안 붙잡아두는 유용한 수단이 될 수 있다. 그러기 위해서는 우선 우주끈의 일부를 포획해야 하지만 말이다. 여기서 충분히 오랜 시간이라 함은 전혀 오랜 시간이 아니다. 알다시피 티플러 타임머신에서 특이점은 극히 짧은 순간만 존재하면 되기 때문이다.

사실 이것은 익숙한 줄거리다. 티플러는 시간여행이 이론상으로는 가능하다고 인정했지만, 문제의 타임머신을 건조할 경우 겪게 될 난관은 너무나도 엄청나서 전혀 현실적이지 않다. 그러나 자연이 우리를 위해 이미 타임머신을 만들어주었다면? 사실 자연은 이미 빠르게 회전하는 중성자별이라는 장난감을 우리에게 잔뜩 주었고, 그것을 가지고 놀 시간도 충분히 주지 않았는가.

밀리초 펄서millisecond pulsar●들이 그렇게 빨리 회전하는 이유는 근처의 동반 항성으로부터 물질을 흡수하고 있기 때문이다. 그 결과 펄서의 회전은 두 팔을 끌어들이며 회전 동작을 하는 피겨 스케이터들처럼 점점 더 빨라진다. 지금까지 발견된 밀리초 펄서의 수는 약 3,000개에 달하는데 그중 다수는 구상성단에서 발견되었다. 구상성단은 최대 100만 개에 달하는 항성들이 불과 직경 몇십 광년에 불과한 구 형태의 공간에 밀집해 있는 항성 집단이다. 쌍성binary star을 이루는 데는 이상적인 조건이다. 구상성단의 펄서 다섯 개 중 네 개는 밀리초 펄서이며, 큰부리새자리 47이라는 이름의 구상성단 하나에만도 무려 25개의 밀리초 펄서가 존재한다.

밀리초 펄서들은 자연 상태의 타임머신에 워낙 가까워서, 그중 일부가 자체적으로 이미 다음 단계에 도달했을지도 모른다는

● 회전 주기가 10밀리초 미만인 펄서—옮긴이 주.

그림 10 큰부리새자리 47 또는 NGC 104로 불리는 구상성단. 직경은 120광년이며 대략 1만 개 정도의 항성이 뭉쳐 있다. 남반구 별자리로 위도상 한국에서는 볼 수 없다. 육안으로 관측 가능한 별의 수는 26개다.

상상을 피하기는 힘들다. 만약 우리 인류의 후손들이 광대한 우주로 진출한다면 타임머신을 직접 건조하기보다는 발견할 가능성이 훨씬 높다.

회전하는 원통으로 주위의 시공간을 끌어당기고 기울인다는 아이디어를 진지하게 받아들이기 힘들다면, 다시 생각해보라.

이런 현상의 효과는 실제로 타임머신을 건조하는 경우보다는 훨씬 미세한 척도에서이긴 하지만 실제로 측정된 적이 있다. 질량을 가진, 회전하는 모든 물체 주위에서는 시공간이 함께 끌려오는 틀 끌림frame-dragging 효과가 발생한다. 그러나 현실에서 이 효과는 조그만 물체들이 지구 주위를 도는 경우에나 탐지할 수 있다.

1960년대 스탠포드대학교에서 시공간 끌림 현상을 연구하던 연구자들은, 아인슈타인의 일반상대성이론이 예측하는 대로 이 현상이 일어난다면 지구 궤도를 도는 자이로스코프gyroscope가 회전하는 방식에 영향을 줄 것이라는 사실을 깨달았다. 상대성이론에 따르면 지구의 자전이 만들어내는 시공간 끌림 현상은 주회 궤도상에서 회전하는 자이로스코프들을 아주 조금 요동하게—세차운동•을 하게—할 것이다. 그 효과는 미미하지만 스탠포드대학교의 연구팀은 거의 50년을 들여 측정 방식의 완성도를 높였다. 그들은 우선 석영으로 만든 탁구공 크기의 거의 완벽한 구를 써서 완벽하게 균형 잡힌 자이로스코프를 제작했는데, 그 표면을 뒤덮은 나이오븀Niobium 초전도체가 분당 5,000번씩 회전하는 자이로스코프의 회전 상태를 감시할 수 있는 자기장을 만들어낸다.

자이로스코프들은 지구 궤도를 도는 우주선 내부의 무중력

• 회전하고 있는 물체의 회전 축이 변화하는 현상이다—옮긴이 주.

상태에서 자유롭게 회전했고, 함께 탑재된 탐지 장치들의 배열이 세차운동의 발생 여부를 확인했다. 이 연구 프로젝트는 계획 단계에서는 '스탠포드 무중력 자이로 실험Stanford weightless gyro experiment'이라는 이름으로 알려져 있었지만, 실행 단계에서는 중력탐사 B—〈1단계: 시간과 공간은 유연한 시공간을 구성한다〉에서 언급했던 '중력탐사 A'의 후속 실험이다—라는 정식 이름으로 불렸다.

중력탐사 B 위성은 2004년 4월 20일부터 지구의 양극을 통과하는 극궤도를 따라 17개월 동안 지구를 주회했다. 위성에 탑재된 탐지 장치들은 네 개의 자이로스코프의 운동을 모니터링했고, 기준 별에 대한 회전 축의 정렬 방향이 어떻게 변화하는지를 조사했다. 그 결과 극궤도를 도는 위성에 탑재된 자이로스코프의 회전 축은 '틀 끌림' 효과에 의해 점점 지구의 동서 방향으로 기운다는 사실이 확인되었다.

그러나 중력탐사 B가 틀 끌림 효과를 입증한 최초의 실험은 아니었다. 2004년에 로마대학교의 이그나치오 치우폴리니Ignazio Ciufolini 연구팀이 NASA의 인공위성인 라지오스LAGEOS와 라지오스 II의 궤도를 추적하는 방법으로 틀 끌림 효과를 측정하는 데 성공했기 때문이다. 각각 1976년과 1992년에 발사된 이 위성들은 단순한 반사 위성이었고, 주로 지구 표면의 움직임을 정밀하게 측정하는 작업에 활용되고 있었다. 이 두 위성은 알루미늄으로

덮인 직경 60센티미터의 황동제 구였고, 무게는 각각 400킬로그램과 411킬로그램이었다. 두 위성 모두 426개의 반사판으로 뒤덮여 있었기 때문에 거대한 골프공처럼 보였다.

라지오스 위성의 목적은 지구에서 발사된 레이저 펄스를 반사해서 지표면의 임의의 지점들 사이의 거리를 측정하는 것이었다. 여기에는 대륙이동설의 이론적 기반인 판구조론과 관련된 대륙들의 움직임을 직접 측정하는 임무도 포함되어 있었다. 그러나 치우폴리니는 다른 방식으로도 이 위성들을 이용할 수 있다는 사실을 깨달았다. 레이저의 도움을 받아 위성들의 궤도면이 어느 쪽으로 세차운동을 하는지 면밀히 관찰하면, 틀 끌림 효과를 10퍼센트의 정확도로 예측할 수 있었던 것이다.• 예측의 정확도가 낮았다고 해서 중력탐사 B 위성을 시간 낭비로 치부할 수는 없다. 치우폴리니의 말처럼 "중력탐사 B 연구팀의 노고는 치하받아야 마땅하다. 중력탐사 B는 극히 어려우면서도 극히 아름다운 실험이기 때문이다."

극히 어렵고도 아름다운 이 두 실험은 물체의 회전이 시공간을 기울인다는 사실을 독립적으로 확인해주었다. 아인슈타인의 방정식은 (놀랄 일은 아니지만) 옳았고, 자연발생이나 극도로 발달한 공학 기술을 이용하면 적어도 한 종류의 타임머신을 건조할

• 〈관성 틀의 끌림 현상(Dragging of inertial frames)〉, 《네이처》 449권, 41쪽, 2007년.

수 있다는 사실도 확인했다. 그러나 여기서 끝은 아니다. 아인슈타인의 방정식들은 두 번째 종류의 타임머신이 존재할 가능성도 부정하지 않는다.

6단계

초보자를 위한 시간 터널링

"블랙홀은 왜곡된 공간과 왜곡된 시간으로 만들어지며,
그 밖의 상황은 아예 존재하지 않는다."•

— **킵 S. 손**Kip S. Thorne**, 《인터스텔라의 물리학**The Science of Interstellar**》**

두 번째 종류의 타임머신은 우주에서 가장 극단적인 성질을 가진 천체인 블랙홀을 이용한다. 블랙홀은 곧잘 공간에 난 구멍으로 묘사된다. 빨려 들어가는 즉시 소멸의 외길로 향하는, 불길한 문이라고 말이다. 그보다 조금 세련된 시나리오에서는 블랙홀이 공간에 난 터널처럼 작용하고, 대담무쌍한 우주여행자들이 '초공간hyperspace'이라는 지름길을 통해 광속의 벽 문제를 회피할 수 있게 해주는 수단으로 묘사되기도 한다. 아인슈타인의 상대

• 원문에서 쓰인 표현은 "Nothing else-no matter whatsoever"인데, 이는 matter가 '물질'을 의미하기도 한다는 사실에 빗댄 말장난이다--옮긴이 주.

성이론이 시간과 공간을 아우르는 이론임을 감안하면 블랙홀이 (이론상) 시간과 공간을 모두 여행하는 수단을 제공할 수 있다는 점은 전혀 놀랄 일이 아니다.

블랙홀의 가장 단순한 정의는 '중력이 너무 강해서 빛조차 빠져나올 수 없는 우주의 한 영역'이며, '검은 구멍'이라는 이름도 바로 여기서 비롯되었다. 블랙홀의 중력 작용은 너무나도 강력해서, 바깥을 향해 움직이는 빛은 에너지를 모두 상실한다. 이런 강력한 중력 작용은 물론 시공간의 극단적인 왜곡과 결부되어 있다. 그리고 이런 현상은 충분히 작은 공간에 충분히 많은 물질을 욱여넣었을 때 발생한다. 여기서 거론하는 종류의 블랙홀의 경우는 우리 태양 질량의 대략 열 배 정도 되는 질량을 몇 킬로미터 너비의 공간에 욱여넣음으로써 만들어진다.• 블랙홀 주위에는 더 이상 진입하면 귀환이 불가능해지는 '사건의 지평선'이라는 영역이 존재하는데, 무엇이든 이 지평선에 떨어지면 결코 빠져나올 수 없다. 이 지평선 안에는 중심부에 무한대의 밀도를 가진 점만이 존재할 뿐이며, 이것은 특이점singularity이라고 불린다.

묘한 역사의 장난에 의해 현재 시공간 웜홀Wormhole이라고 불리는 현상은 물리적인 블랙홀의 존재 가능성이 진지하게 받아

• 대다수의 은하의 중심에는 태양의 몇백, 몇천 배에 달하는 질량을 가진 블랙홀들이 존재하지만, 여기서는 거론하지 않겠다.

들여지기 한참 전부터 상대성이론 연구자들에 의해 탐구되었다. 아인슈타인이 일반상대성이론을 발표한 지 1년도 채 안 된 1916년에 독일의 물리학자이자 천문학자인 카를 슈바르츠실트Karl Schwarzschild는 우리가 현재 블랙홀이라고 부르는 현상을 기술하는 아인슈타인 방정식의 해를 찾아냈고, 그로부터 얼마 지나지도 않아 이번에는 오스트리아의 물리학자 루트비히 플람Ludwig Flamm이 슈바르츠실트가 제시한 아인슈타인 방정식의 해가 실제로는 역으로도 작용한다는 사실을 지적하면서 시공간의 두 지점을 벌레 구멍처럼 잇는 통로, 즉 웜홀이 편평한 시공간의 두 영역을 연결하고 있을 가능성을 시사했다. 이 두 영역은 두 개의 서로 다른 우주일 수도 있고, 같은 우주의 두 부분일 수도 있다고 말이다. 웜홀의 성질에 대한 추론은 향후 몇십 년 동안 간헐적으로 이어졌고, 아인슈타인 자신도 동료 물리학자인 네이선 로젠Nathan Rosen과 함께 그런 우주의 지름길을 확정적으로 정의하는 수학적 기술을 유도해냈다. 이는 아인슈타인-로젠 다리Einstein-Rosen Bridge라고 불린다. 그런 다리의 존재 가능성이 수학적으로 뒷받침되었음에도 상대성이론의 연구자들은 일찌감치 슈바르츠실트 웜홀이 우주의 한 부분에서 다른 부분으로 이동할 수 있는 통로를 제공하지는 않는다는 결론을 내렸다.

가장 큰 걸림돌은 아인슈타인-로젠 다리를 처음부터 끝까지 건너려면 우주여행자가 여정의 어떤 단계에서는 빛보다 빨리 움

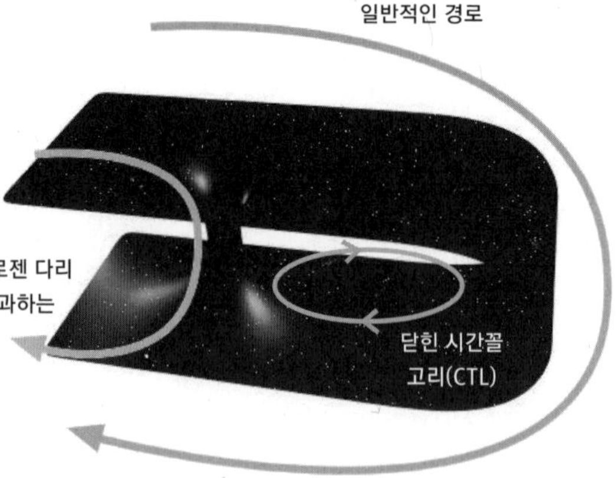

그림 11 우주의 시공간에 생성된 통로인 웜홀. 입구는 블랙홀, 출구는 화이트홀이다. CTL의 존재는 과거로의 시간여행의 이론적 가능성을 의미한다.

직여야 한다는 점이었다. 이런 식의 웜홀에는 문제가 또 하나 있는데, 불안정하다는 것이다. 이따금 '목throat'이라고 불리기도 하는 열린 입구는 지극히 짧은 시간만 존재하다 닫힌다. 웜홀 자체도 빛이 터널 끝에서 끝까지 통과할 만큼 긴 시간 동안 존재하지 않는다.

그러나 여기서 포기할 필요는 없다. 단순한 슈바르츠실트 블랙홀의 모델은 아예 전하를 띠고 있지 않는 데다가 회전하지도 않는다. 놀랍게도 이런 블랙홀에 전하나 회전을 추가하면 특이점의 성질이 변화하고, 따라서 다른 우주들로 통하는 문을 열 수 있을 뿐만 아니라 광속보다 느린 속도로 여행하는 것도 가능해진다. 전하는 블랙홀에 중력뿐만 아니라 두 번째 힘을 부여한다. 같은 부호를 가진 전하는 서로를 밀어내기 때문에, 이 힘은 블랙홀 자체를 붕괴시키려고 한다. 회전도 마찬가지 효과를 낸다. 어느 쪽이든 중력에 반발하는 힘이 생겨난다는 점은 동일하다.

1960년대에 로저 펜로즈Roger Penrose는 일반상대성이론이 예측하는, 회전하지 않는 물질 덩어리로 형성된 단순한 블랙홀 내부로 떨어지는 물체는 특이점으로 빨려 들어가서 완전히 으깨질 수밖에 없다는 사실을 증명했다. 블랙홀을 이용해서 시간이나 공간을 여행하려는 사람에게는 전혀 좋은 소식이 아니다. 그러나 같은 시기에 뉴질랜드 출신의 수학자인 로이 커Roy Kerr는 회전하는 블랙홀에서는 사정이 달라진다는 사실을 발견했다. 이런 블랙홀 안에서도 특이점은 여전히 형성되지만 시공간의 한 점이 아니라 가운데 구멍이 있는 도넛 같은 고리의 형태를 취하게 된다. 시간여행자가 그런 종류의 블랙홀로 뛰어들어 문제의 구멍을 통과한다면 다른 장소와 다른 시간에 출현하는 것도 이론상으로는 가능하다. 만약 고리 본체와 충돌한다면 흔적도 없이 소멸하게 되겠지만, 고리의 구멍을 통과하는 데 성공한 시간여행자는 아인슈타인-로젠 다리를 가로질러 시공간의 다른 부분에 출현한다는 뜻이다.

그러나 이런 터널은 일방통행이라서 출발점으로 돌아갈 수는 없다. 설령 같은 터널로 돌아간다고 해도 시간여행자가 출현하

“45년에 달하는 과학자 경력의 전 기간을 통틀어서 내게 가장 큰 충격을 준 경험은, 뉴질랜드의 수학자인 로이 커가 발견한 아인슈타인의 일반상대성이론 방정식들에 대한 정확한 해가 우주에 수도 없이 널려 있는 거대 블랙홀들의 존재를 정확하게 기술하고 있다는 사실을 깨달았을 때였다.

— S. 찬드라세카르S. Chandrasekhar, 《진실과 아름다움: 과학의 미학과 동기Truth and Beauty: Aesthetics and Motivations in Science》

는 곳은 시공간의 또 다른 영역이지 출발점이 아니다. 이 ‘로이 커의 해’는 타임머신을 수학적으로 기술한 첫 번째 예이지만, 발표 당시에는 아무도 이것을 진지하게 받아들이지 않았다.

진지한 과학자들에게 고도로 발달한 기술 문명이라면 시간여행이 가능할 수도 있다는 확신을 준 계기가 이번에도 SF인 것은 어쩌면 필연일 것이다. 미국의 천문학자인 칼 세이건Carl Sagan이 쓴 소설 《콘택트Contact》의 등장인물들은 블랙홀 내부 통로를 따라 지구 가까운 지점에서 항성 베가Vega 근처까지 이동할 수 있는 장치를 이용한다. 물론 칼 세이건은 자신이 물리학의 법칙을 확대해석하고 있다는 사실을 충분히 알고 있었지만, 과학과 관련된 부분을 최대한 정확하게 묘사하고 싶었기 때문에 캘리포니아공과대학교의 이론물리학자이자 상대성이론 전문가인 킵 손에게 연락해 어떤 난해한 유사과학적 용어들을 써야 소설이 좀 더 그럴듯해질 수 있겠느냐고 물었다. 관련 방정식들을 주의 깊게 검토해본 킵 손은(더 정확

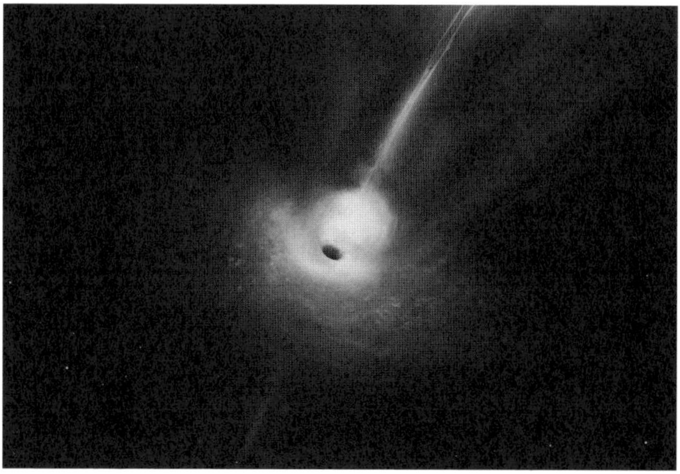

그림 12 M87 블랙홀 상상도. 처녀자리에 있는 타원은하이자 강한 전파은하다. 2017년 사건지평선망원경(Event Horizon Telescope)으로 관측한 인류 사상 최초의 블랙홀이다. 중력에 의해 휘어진 빛이 고리 모양을 이루고 있으며 2024년부터 한국우주전파관측망이 M87 블랙홀 관측에 직접 참여한다.

하게 말하자면, 그의 지도 아래 박사과정을 밟고 있던 마이클 모리스Michael Morris와 울비 유르트세베시Ulvi Yurtsever에게 웜홀의 물리적 작용을 계산해보라고 지시했다) 물리학에서 허용되는 기묘한 물질exotic matter●의 개념을 도입하면 아인슈타인-로젠 다리를 안정화시킬 수 있다는 사실을 깨달았다. 어떻게 그럴 수 있는지는 곧 설명하겠다. 모리스

● 질량이 음수인 물질을 말한다. 질량을 가진 모든 것이 서로를 끌어당기는 반면 기묘한 물질은 질량이 음수이기 때문에 서로 밀어내는 성질이 있다—옮긴이 주.

와 유르트세베시는 티플러가 회전하는 타임머신을 연구했을 때와 비슷하게 우선 수학적인 측면에서 이 문제에 접근했다. 블랙홀의 형성 과정을 생각해본 뒤 어떻게 블랙홀이 아인슈타인-로젠 다리를 형성할 수 있는지를 수학적으로 고찰하는 대신에, 그들은 일반상대성이론의 방정식들을 써서 세이건이 요구한, 인간이 물리적으로 통과 가능한 웜홀의 조건에 부합되는 시공간 기하 구조를 역으로 '건조'했다. 그런 다음에는 해당 구조를 조사해서 이미 알려진 물리법칙들을 통해 어떤 식으로든 필요한 기하 구조를 생성할 수 있게 할 방법이 있는지를 알아봤다. 방법은 있었다. 세이건은 이 소식에 크게 기뻐했고, 그 결과 모리스와 유르트세베시가 고안한 시공간 터널은 1985년에 출간된 소설《콘택트》와 조디 포스터Jodie Foster 주연의 영화에서 모두 등장했다. 여전히 우주 공간의 지름길 정도로 묘사되었지만 말이다.

킵 손은 제자들이 찾아낸 방법이 시간여행의 가능성까지 열었다는 사실을 바로 알아차리지는 못했던 것으로 보인다. 그러나 1986년 12월 마이크 모리스와 함께 시카고에서 열린 학회에 참석했을 때, 손은 다른 참석자 하나가 모리스를 향해 웜홀을 쓰면 과거 시간으로도 갈 수 있지 않겠느냐고 지나가듯 지적하는 것을 들었다. 그 뒤에 일어난 일들은 손이 쓴《블랙홀과 시간여행》에 자세하게 나와 있다. 손은 자연 생성된 웜홀은 두 개의 서로 다른 시간대를 연결하고 있을 가능성이 높다는 사실을 깨달았다. 일반상대성이론의 권위자였던 손이 시간여행의 가능성을 지지하자, 다른 물리학자들은 이 개념을 더 발전시키는 일에 착수했나.

이 모든 연구의 저변에는 무에서 시작한 문명이 타임머신을 건조하는 과정을 그리는 것보다 충분히 발전한 문명이 자연 발생한 웜홀을 개조해서 시간여행에 활용하는 시나리오를 상상하기가 훨씬 쉽다는 전제가 깔려 있었다. 여기서 말하는 "충분히 발전한 문명"이라는 표현에는 통상적인 수단으로 우주 공간을 이동해서 블랙홀을 찾아내고, 지구에 있는 우리가 영불해협 터널을 건조하기 위해 해저를 굴착했던 것만큼이나 수월하게 블랙홀의 구조를 조작할 수 있는 문명이라는 단서가 붙지만 말이다.

손의 연구팀은 일반상대성이론의 방정식들을 써서 어떤 종류의 물질과 에너지가 웜홀을 열린 상태로 유지할 수 있는지 계산했다. 그들이 도출한 결과는 별로 놀랍지 않았다. 중력은 물질을 한데 끌어모으고, 특이점들을 생성하고, 웜홀의 목을 조여서 닫는다. 웜홀을 열어두려면 그 목 부분을 음의 압력—반중력—효과를 가진 모종의 기묘한 물질이나 역장力場으로 엮어서 중력을 무효화하는 수밖에 없다. 이렇게 조건이 까다로워서야 어디 통과 가능한 웜홀을 건조하는 것이 가당키나 하겠느냐고 생각한 독자들도 있을 것이다. 음의 압력이란 고무풍선에 숨을 불어넣으면 도리어 쪼그라드는 것과 비슷하다. 설마 현실 우주에 그런

> “최대한 낙관적으로 설명하자면, 웜홀의 입구를 조작함으로써 당신은 공간의 한 지점에서 다른 지점으로 가는 지름길을 만들 수 있을 뿐만 아니라 한 순간에서 다른 순간으로 가는 지름길도 만들 수 있다.
>
> — 브라이언 그린

기묘한 물질이 존재할까? 어쩌면 정말 존재할지도 모른다.

이런 종류의 반중력을 만들어내는 데 필요한 열쇠는 1948년 네덜란드의 물리학자 헨드릭 카시미르Hendrik Casimir에 의해 발견되었다. 카시미르는 세계적인 전기전자 기업인 필립스Philips의 연구원으로 일하던 중에 훗날 카시미르 효과Casimir effect라고 불리게 될 힘에 관한 제안을 내놓았다. 카시미르 효과를 쉽게 이해하려면 두 개의 금속판을 아주 좁은 간격을 두고 평행하게 배치한 뒤 그 사이의 공간은 진공으로 만든 상태를 떠올리면 된다. 그러나 양자물리학은 비어 있어야 할 공간인 진공이 실제로는 비어 있지 않다는 점을 우리에게 알려주었다. 진공은 여러 활동이 일어나는 공간이며, 그 활동에는 전자기 입자인 광자가 아무것도 없던 곳에서 언뜻 출현했다가 다음 순간 사라져버리는 현상도 있다. 이런 광자는 ‘가상virtual’ 광자라고 불리지만, 현실에도 엄연히 존재한다. 이것은 궁극적으로 양자 불확정성에 의해 일어나는 현상이다. 바꿔 말해서, 우리는 광자의 유무를 100퍼센트 확신할 수 없다.

광자의 에너지는 전자기파의 파장과 연동되며 에너지의 양은 파장이 짧을수록 증가한다. 다른 방식으로 설명하자면 빈 공간은 끊임없이 변화하는 전자기파의 바다나 마찬가지이고, 그 바다는 모든 파장의 전자기파를 포함하고 있다. 그러나 전기가 통하는 두 금속판 사이에서 전자기파는 설령 금속판에 전기가 흐르지 않고 있다고 해도 언제나 안정적인 특정 패턴을 형성한다. 두 금속판 사이의 공간에서 전자기파들은 마치 기타 줄을 퉁겼을 때 생성되는 음파처럼 행동한다. 각각의 기타 줄은 퉁겼을 때 특정한 음을 내기 위해 특정한 방식으로만 진동할 수 있다. 즉 줄의 길이와 줄의 진동이 대응하는 것이다. 이것이 특정한 줄의 기본음과 배음이다. 이와 마찬가지로 카시미르 실험에서 쓰인 두 개의 금속판 사이의 간극에는 특정한 파장을 가진 전자기파들만이 존재할 수 있다. 금속판들의 간격보다 파장이 큰 광자는 아예 존재할 수 없다는 뜻이다. 따라서 카시미르 간극에서 1세제곱센티미터당 존재하는 가상 광자의 수는 같은 부피의 외부 공간에 존재하는 그것보다 적으며, 두 개의 금속판 사이에는 서로를 잡아당기는 힘이 작용한다. 이런 현상은 실제로 일어난다. 두 판 사이에 작용하는 카시미르 힘의 강도는 다양한 재질의 편평하거나 굽은 판 사이의 간격을 1.4나노미터에서 15나노미터까지 변화시키는(나노미터는 10억 분의 1미터다) 방식의 실험을 통해 측정되었는데, 그 결과는 카시미르의 예측과 정확하게 일치했다.

1987년 모리스와 손은 변형된 형태의 카시미르 효과를 이용해서 웜홀을 (적어도 미시적인 규모에서) 열어둘 가능성에 착안한 논문을 발표했다. 그들은 통상적인 전기장이나 자기장조차도 웜홀과 상호작용할 경우 "기묘한 물질의 성질에 근접한 속성을 띨 수 있으며, 만약 전자기장의 세기가 아주 약간만 더 크다면 웜홀을 유지하는 데 필요한 조건을 충족시킬 수도 있다"라고 지적했다. "통과 가능한 웜홀의 입구를 열어두기 위해 필요한 조건의 기이함을 무조건 불가능하다고 단정하면 안 된다"라는 것이 그들이 내린 결론이었다.

이런 시간 터널을 열어둔 채 유지하는 방법이 하나쯤은 더 있을지 모른다. 회전하는 원통을 이용한 티플러 방식의 타임머신에서 원통이 원심력으로 찢어지는 것을 막기 위한 수단으로 제안된 우주끈을 쓰는 방법이다. 이 경우는 자연 발생한 극소 웜홀을 찾아낸 다음 우주끈을 이용해 필요한 크기까지 확장하면 된다. 그러면 초공간을 관통하는 웜홀의 양쪽 끝에는 두 개의 블랙홀이 자리 잡게 된다. 이 두 블랙홀은 각기 다른 장소뿐만 아니라 각기 다른 시점에 존재할 수도 있고, 같은 장소의 각기 다른 시점에 존재할 수도 있다. 이렇게 만든 웜홀 구멍으로 뛰어들면 과거든 미래든 다른 시점으로 튀어나올 수 있다는 이야기다. 그리고 튀어나왔던 구멍으로 다시 뛰어들면, 시공간상의 출발점으로 돌아가게 된다.

캘리포니아공과대학교의 이 두 과학자는 대다수의 물리학자들조차도 우리가 지구상에서 마주치는 것보다 훨씬 더 극단적인 소건에 놓인 물질과 에너지의 상태를 기술하는 방정식을 마주할 경우에는 상상력의 결핍에 시달린다는 사실을 극명하게 보여주었다. 캘리포니아공과대학교는 1985년 가을 학기에 초보자들을 대상으로 한 일반상대성이론 입문 강좌를 개설했는데, 이 강좌는 웜홀에 관한 구체적인 내용을 다루지는 않았지만 그 대신 시공간 메트릭metric 또는 시공간 계량이라고 불리는 방정식들의 물리적인 의미를 탐구하는 방법을 가르쳤다. 수강생들은 시험을 치르기 위해 웜홀에 해당하는 메트릭을 수학적으로 기술하는 과정을 단계적으로 따라가야 했다. "학생들은 상상력이라는 측면에서 깜짝 놀랄 정도로 융통성이 없었다." 모리스와 손은 훗날 이렇게 술회했다. "대다수는 메트릭의 상세한 속성을 도출해 낼 수 있었지만, 그것이 통과 가능한 웜홀의 메트릭이라는 사실을 알아차린 학생은 극소수였다." 물론 '숯이 검정 나무라는 꼴'이라는 생각도 들긴 한다. 손과 제자들 역시 남의 지적을 받고 나서야 세이건의 요청을 받고 검토했던 웜홀의 메트릭이 시간여행의 가능성을 시사하고 있다는 사실을 깨달았으니 말이다.

미치오 카쿠도《닥터 후》와 허버트 조지 웰스의 팬이라면 흡족해할 만한 표현을 써서 충분히 발달한 과학기술을 보유한 사회가 만들어낼 수 있는 종류의 타임머신에 관해 묘사한 적이 있다.

〔이 타임머신은〕 두 개의 닫힌 상자로 이루어져 있는데, 각 상자에는 서로 평행하게 배치된 두 개의 금속판이 들어 있다. 그리고 (현재의 과학기술로는 제조 자체가 불가능할 정도로 거대한) 두 쌍의 금속판들 사이에서 발생하는 강력한 전기장은, 시공간의 구조를 찢어발기고 두 상자 사이를 잇는 공간의 구멍을 만들어낸다.

움직이는 물체의 시간은 느리게 흐른다는 아인슈타인의 특수상대성이론에 따라서, 두 방 중 하나를 길고 빠른 우주여행을 하게 한 다음 되돌아오게 한다고 가정해보자. 시간은 움직이고 있는 방 쪽에서 더 느리게 흐르므로, 출발점으로 돌아올 때는 웜홀의 양쪽 끝에 해당하는 두 방 사이에서도 시간 차이가 발생한다. 앞에서도 시사했듯이 웜홀을 통해 연결된 한 쌍의 블랙홀에도 똑같은 조작을 가할 수 있지만, 태양의 열 배에 달하는 질량을 가진 블랙홀 하나를 광속의 반쯤 되는 속도로 움직이게 한 후 출발점으로 돌아오게 하는 방법을 찾는다는 것은 상상조차 하기 힘들다. 미치오 카쿠가 제안한 카시미르 상자 방식을 쓴 다음에 우주끈을 써서 웜홀을 확장시키는 편이 아마 더 쉬울 것이다.

웜홀을 쓰는 방법에는 여전히 문제가 하나 있다. 계산 결과에 따르면 우주선이 시공간의 터널로 진입하려고 할 경우 터널이 닫혀야 하기 때문이다. 일반상대성이론의 예측에 의하면 가속하는 물체는 시공간의 구조에 물결ripple을 발생시킨다. 이 물결은 중력파라고 불리는데, 2015년 충돌하는 두 블랙홀의 관측을 통해 실제로 탐지되었다. 따라서 중력파가 존재한다는 사실에는 의심의 여지기 없다.• 광속으로 이동 중인 우주선 전방을 향해 퍼져나가는 중력파는 블랙홀 내부의 특이점에 접근하면서 증폭되고, 시공간을 왜곡함으로써 우주선의 진입을 원천 봉쇄해버린다.

그러나 손의 연구팀은 이 문제의 해결책을 찾아냈다. 칼 세이건의 《콘택트》 등장인물 한 명이 이에 관해 언급한다.

> 아인슈타인의 장場 방정식을 정확하게 푼 커 해에 의하면 블랙홀 내부에는 통과 가능한 터널이 존재할 수 있지만, 이 터널은 불안정합니다. 외부 자극으로 인해 조금이라도 교란될 경우 터널은 물리적인 특이점으로 변화하고, 통과 자체가 아예 불가능해집니다. 고도로 발달한 문명이라면 붕괴 중인 항성의 내부 구조를 조작해서 이런 내부 터널을 안정화시킬 수 있지는 않을까 하는 생각을 안 해본 건 아니지만, 일단 상상하는 것부터 쉽지 않았습니다. 그걸 성공시키려면 내부 터널을 끊임없이 감시하면서 안정화시킬 필요가 있으니까요.

그러기 위해서는 음의 피드백을 통해 교란이 일어나는 즉시

• 이에 관해서는 나의 전자책 《중력파의 발견(Discovering Gravitational Waves)》을 참조하기 바란다.

다른 교란이 일어나도록 함으로써 처음 일어난 교란을 상쇄할 필요가 있다. 이것은 우리에게도 익숙한 양의 피드백과는 정반대의 현상이다. 앰프를 통해 스피커에 연결된 마이크를 스피커 앞으로 가져가면 삐익 하는 소리가 나는 이유는 바로 양의 피드백이 작용했기 때문이다. 스피커에서 나오는 잡음을 마이크가 증폭하면 스피커에서는 처음보다 더 큰 잡음이 나오고, 그것을 다시 마이크가 잡아내서 증폭하는 것이 반복되는 식이다. 그러나 스피커에서 나오는 잡음을 컴퓨터로 분석해 해당 잡음과 완전히 반대되는 성질을 가진 음파를 발생시키면, 두 음파는 상쇄되면서 무음 상태가 찾아온다. 이런 현상은 쉽게 유도해낼 수 있고, 많은 사람이 쓰고 있는 노이즈 캔슬링 기능이 있는 헤드폰 따위에서도 일상적으로 사용된다. 따라서 칼 세이건이 상상한 '고도로 발전한 문명'이 웜홀 입구에 중력파를 이용한 송수신 시스템을 건조해서 웜홀을 통과하는 우주선의 움직임에 의해 발생한 교란을 기록하고, 그 교란으로 터널이 붕괴되기 전에 해당 교란을 완벽하게 상쇄해줄 일련의 중력파를 '재생'할 가능성은 결코 터무니없는 망상의 산물이 아니다.

어떤 방식을 쓰든, 통과 가능한 웜홀의 건조에 성공한다면 실로 극적인 효과를 목격하게 될 것이다. 이를테면 고정된 웜홀의 입구에서 100년이 흐를 때 움직이는 입구에서는 1년만 흐르게 할 수도 있다. 만약 이 실험이 2030년에 시작된다고 가정하면,

"과거로 가는 시간여행이 불가능하다는 증거로 곧잘 거론되는 것은 우리가 미래에서 온 시간여행자를 아예 만난 적이 없다는 사실이다. 만약 과거로 돌아가는 것이 가능하다면, 몇천 년 후의 우리 후손이 타임머신을 건조해서 우리를 관찰하러 오거나, 아예 자기소개를 하는 상황이 전개될 수도 있기 때문이다. ……다행히도 웜홀을 이용하는 타임머신의 경우 이런 식의 반론에는 쉽게 대처할 수 있다. 웜홀을 이용하면 과거나 미래로 가는 것이 가능하지만, 해당 웜홀이 건조된 시점보다 과거로 가는 것은 불가능하기 때문이다. 설령 지금 당장 웜홀 타임머신을 건조한다고 해도…… 그 웜홀을 써서 공룡이 살았던 과거까지 되돌아갈 수는 없다. 자연발생한 웜홀 타임머신을 찾아내거나 외계 문명에 의해 오래전에 건조된 웜홀을 이용하지 않는 이상, 현재보다 과거에 해당하는 시대를 방문하는 것은 불가능하다는 뜻이다. 따라서 최초의 웜홀 타임머신이 서기 3000년에 건조되었다면, 서기 2000년으로 시간 관광객들이 올 가능성은 없다.

— 폴 데이비스,《타임머신을 제작하는 방법How to Build a Time Machine》

정지한 쪽 입구의 날짜가 2130년이 되더라도 움직이는 입구는 2031년밖에 되지 않는다는 뜻이다. 따라서 2130년에 고정된 입구로 돌입한 시간여행자는 2031년에 움직이는 입구에서 튀어나오게 된다. 설령 이 두 입구가 공간적으로 나란히 위치한다 해도 말이다. 그럴 경우 이런 시간 차이는 고정된다. 두 입구가 같은 자리에 머무르는 한, 이 시간 터널을 이용해서 99년 후의 미래나

99년 전의 과거로 가는 것이 가능해지는 것이다. 시간팽창 효과를 이용하면 시간 터널의 이런 시간 차이를 원하는 대로 조절할 수 있지만, 해당 타임머신이 완공된 시점보다 과거로는 절대로 갈 수 없다.

이 모든 논의가 진짜 과학자들에 의해 수행되었고, 《피지컬 리뷰 레터스Physical Review Letters》•를 위시한 저명한 학술지에 실렸다는 점은 짚고 넘어갈 필요가 있다. 타임머신을 건조하려면 블랙홀에 상당하는 물체를 우주 공간에서 광속의 몇 분의 1에 달하는 속도로 이동시킬 수 있는 수준의 엄청난 과학기술이 필요하다. 그러나 아서 C. 클라크의 유명한 격언이 시사했듯이 충분히 발달한 과학기술은 마법과 구별할 수 없는 법이다.

우주여행 이야기가 나와서 말인데, 과거로 가는 시간여행과는 무관하지만 웜홀 타임머신 이론과 많은 부분을 공유하는 아이디어가 하나 있다. 카디프대학교에서 박사후 연구원으로 근무하던 멕시코 출신의 물리학자 미겔 알쿠비에레Miguel Alcubierre는 1994년에 발표한 논문에서 아인슈타인 방정식들의 해에 위배되지 않는 하나의 방법을 제안했다. 시공간을 파동의 형태로 왜곡시킴으로써 우주선처럼 이동 중인 물체의 앞쪽 공간을 압축하는 동시에 뒤쪽 공간을 팽창시키는 것이다. 그러면 우주선은 비교적 안정

• 제61권 1446쪽 참조.

된 통상 공간인 '워프 거품warp bubble' 내부에서 마치 파도타기를 하듯이 전진할 것이며, 거품 밖에 있는 관찰자에게 이 우주선은 빛보다 빠르게 움직이는 것처럼 보일 것이다. '알쿠비에레 드라이브Alcubierre Drive'라고 명명된 이 추진 방식은《스타트렉Star Trek》같은 SF 작품이 즐겨 쓰는 초광속 워프 드라이브에 물리학적으로 가장 근접한 개념이다. 그러나 알쿠비에레 드라이브를 실용화하려면 블랙홀을 횡단할 수 있는 타임머신을 건조하는 것에 맞먹는 에너지가 필요한 데다가, 웜홀 통로와 마찬가지로 워프 거품이 갑자기 닫혀버릴 위험도 있다.

설령 블랙홀을 이용한 타임머신이 존재하지 않는다고 해도 시간여행 자체는 우주적으로 큰 의미를 가질 수 있다. 아인슈타인 방정식에 따르면, 실용적인 타임머신을 건조하는 데 필요한 거대한 블랙홀들과는 별도로, 우주는 원자보다도 작은 마이크로 블랙홀들로 가득 차 있을 수 있기 때문이다. 게다가 이런 블랙홀들은 '빈 우주 공간'의 구조 자체를 이루고 있을 가능성조차 있다. 크기가 워낙 작은 탓에 물질이 이 블랙홀 안으로 떨어질 염려는 없다. 당신의 입이 전자 한 개의 크기보다 작다면, 먹을 수 있는 음식이 거의 없는 것과 마찬가지로 말이다. 그러나 이 이론이 옳다면 극소 웜홀들은 우주에 있는 시공간의 모든 점을 다른 점들과 이어주는 초공간 연결망을 제공해줄지도 모른다.

그런 연결망은 매우 유용할 수 있다. 이 광대한 우주의 모든 부분이 어떻게 동일한 물리법칙을 알고 있는지는 우주의 가장 심원한 수수께끼 중 하나이기 때문이다. 전자를 예로 들어보자. 모든 전자들은 완전히 동일한 질량과 완전히 동일한 전하를 가지고 있다. 이것은 지구상에 존재하는 모든 전자들이 공유하는 속성이며, 항성들이 발하는 빛의 스펙트럼을 분석해본 결과 우주 반대편 몇십억 광년이나 떨어진 곳에 있는 먼 은하에 있는 전자들도 같은 속성을 가지고 있다는 점이 판명되었다. 전자들은 자신이 어떤 전하와 어떤 질량을 가지고 있어야 하는지를 어떻게 '아는' 것일까? 그 어떤 신호도 빛보다 빠르게 전달될 수 없는 것이 사실이라면, 지구상의 전자들과 먼 은하에 있는 전자들은 도대체 서로 어떤 관계를 맺고 있길래 완전히 똑같은 속성을 띤단 말인가?

해답은 무수히 많은 마이크로 블랙홀들과 초공간을 누비는 극미 웜홀 연결망의 존재에서 찾을 수 있을지도 모른다. 그 어떤 물질도 극미 웜홀을 통해 이동할 수는 없지만, 웜홀을 통해 새어나간 정보(물리법칙)는 우주의 모든 영역과 모든 시점에 순간적으로 확산되었을 가능성이 있다. 바로 그런 이유에서 모든 전자와 원자뿐만 아니라 그것들을 구성하거나 그것들로 구성되는 모든 물질이 동일한 물리법칙을 따르고 있는 것이다.

이것이야말로 궁극적인 동어반복인지도 모르겠다. 우리가 사는 우주의 물리법칙이 보편적일 수 있는 유일한 이유는 시간여행이 가능하기 때문인지도 모른다. 그게 사실이라면 물리법칙이 시간여행을 허용하는 것은 전혀 놀랄 일이 아니다. 그렇다면 시간여행은 우리가 시간의 작용을 변화시킬 수 있다는 것을 의미할까? 반드시 그렇지는 않다.

7단계

앞으로 존재할 모든 것은 실제로 존재한다

"과거의 시간과 현재의 시간은 / 모두 미래의 시간에 존재할지도 모르고, / 미래의 시간은 과거의 시간에 모두 포함되어 있을지도 모른다네."

— **T. S. 엘리엇**T.S. Eliot, **《사중주 네 편**Four Quartets**》**

과거와 마찬가지로 미래 또한 결정되어 있으며 그렇기에 4차원 시공간은 견고하고 개변 불가능한 블록을 형성하고 있다는 아이디어의 원류는 헤르만 민코프스키도 아니고, '기하학화'된 특수상대성이론도 아니며, 허버트 조지 웰스조차도 아니다. 위와 같은 맥락에서 '블록'이라는 단어를 사용한 19세기의 철학자는 한두 명이 아니지만, 이 단어가 특별히 명확한 방식으로 사용된 예로는 프랜시스 허버트 브래들리Francis Herbert Bradley의 《논리학의 원리Principles of Logic》가 유명하다. 브래들리는 인간을 시간의 강을 따라 움직이는 배에 탄 승객에 비유했다. 강변에는 집들이 길게 이어지고, 각 주택에는 숫자가 매겨져 있다. (당시에도 쓰이던 세기 단위의 영향을 받은 것인지도 모르겠다.) 수면 위를 미끄러지듯이 나아가는 배는 19호 주택 앞을 지나치고, 그다음에는 20호, 그다음에는 21호 하는 식으로 미래를 향해 전진한다. "줄줄이 늘어선 불변의 과거와 미래는 견고한 블록처럼 우리 뒤와 앞으로 뻗어 있다."

민코프스키가 한 일은 이런 식의 철학적 몽상에 견고한 수학적 발판을 제공한 것이었다. 공간과 시간의 결합에 관해 논한 유명한 강연에서 그는 세계선world line의 개념에 관해서도 처음으로 언급했다. 민코프스키는 시공간의 모든 '세계점world point'은 'x, y, z, t 값의 시스템'에 속한 네 개의 수치로 표현될 수 있음을 설명하고, 그런 세계점의 '경력career'을 '세계가 그리는 곡선, 즉 세계선'으로 묘사하고 다음과 같은 결론을 내렸다. "물리법칙들은 이런 세계선들 사이의 관계로 표현될 때 가장 완벽하게 성립한다는 것이 제 생각입니다." 이 아이디어는 일반상대성이론의 핵심 요소가 되었고, 얼마 뒤에는 빛이 태양 가까이에서 굴절되는 현상을 관측함으로써 그 이론의 예측이 옳다는 사실이 입증되었다. 이 사실이 시사하는 바에 대해 학술지 《네이처》의 기고자 한 명은 다음처럼 지적했다.•

• 1920년 2월 12월 호에 실렸던 내용이다. 기고자의 이름은 'W.G.'라는 머리글자로 표시되어 있을 뿐, 《네이처》의 기록에서도 저자의 이름을 찾지는 못했다. 내가 이 사실을 아는 것은 당시 《네이처》에서 일하면서 실제로 기록을 뒤져봤기 때문이다.

우주의 과거와 미래가 모두 4차원 시공간에 묘사되어 있고, 4차원의 의식을 갖는 존재라면 모두 그것을 볼 수 있다고 가정해보자. 우리가 있는 3차원이 시간 차원인 4차원에 대해 움직인다면, 우리가 경험하며 시간 경과의 영향으로 받아들이는 모든 변화는 단지 이 움직임에 기인한다. 4차원에는 모든 미래뿐만 아니라 모든 과거가 존재하기 때문이다.

허버트 조지 웰스의 《타임머신》은 장편으로 출간되기 직전 《뉴 리뷰The New Review》에 연재되었는데, 흥미롭게도 이 잡지판에는 장편에서는 삭제된 부분이 하나 있다. 소설 앞부분에서 주인공인 시간여행자가 저녁 식사 자리에서 친구들과 대화를 나누는 장면이다.

전지全知의 관찰자에게 잊힌 과거 따위는 존재하지 않고, 완전히 소멸한 시간의 조각도, 아직 알려지지 않은 공백의 미래도 존재하지 않는다네. ……그런 관찰자에게 현재와 과거와 미래는 아무 의미도 없어. ……대신 그가 보는 것은 시간과 공간을 가득 채우고 있는 견고한 우주이고…… 만약 그런 곳에서 '과거'라는 말에 무슨 의미가 있다면, 그건 특정 방향을 바라보는 행위를 의미할 거야. '미래'는 그와는 반대 방향을 바라보는 행위가 되겠고.

블록우주에 관한 이런 고찰은 1955년 아인슈타인이 절친인 미셸 베소Michele Besso의 부음을 듣고(아인슈타인도 한 달 뒤에 죽었다)

베소의 자식들에게 보낸 편지의 내용과도 부합한다.

> 이제 그 친구도 나보다 조금 앞서 이 기이한 세계에 작별을 고했군. 하지만 그 사실 자체는 아무 의미도 없다네. 물리학을 신봉하는 우리 같은 사람들에게 과거, 현재, 미래의 차이는 환상에 불과해. 설령 그 환상이 아무리 집요하더라도 말이야.•

블록우주와 세계선에 관한 물리학자들의 아이디어가 내포하는 가능성에 가장 먼저 주목한 사람들은 SF 작가였다. 로버트 A. 하인라인Robert A. Heinlein은 시간여행의 패러독스와 가능성이라는 주제를 즐겨 다룬 작가 중 한 명이었다.《어스타운딩》1939년 8월 호에 실린 〈생명선Life-Line〉이라는 단편에서, 하인라인은 개인의 시간선으로 신호를 보내고 시간선의 끝에 도달한 신호가 돌아올 때까지의 시간을 측정하는 방법으로 그 사람의 사망 시기를 알아낼 수 있는 기계에 관해 묘사한다. 이런 식의 시간여행 이야기에 진짜 과학이 등장하는 경우는 드물고, 하인라인의 이 단편 역시 생명선 장치가 작동하는 방식보다는 생명보험사가 받는 영향 쪽에 더 초점이 맞춰져 있다. 그레고리 벤포드 같은 현

• 독일어로 쓰인 편지 원문의 번역은 몇 가지가 있지만 이 버전이 아인슈타인의 글에 담긴 정신을 가장 잘 표현한다고 생각한다.

> "물리학의 방정식들이 우리에게 지금 이 순간 어떤 사건들이 일어나고 있는지를 알려주지는 않는다. 그런 의미에서 그것들은 '현재 위치' 표시가 빠진 지도를 닮았다. 방정식에는 현재의 순간이 존재하지 않고, 시간의 흐름 역시 존재하지 않는다.
>
> — 크레이그 칼렌더Craig Callender, 《사이언티픽 아메리칸Scientific American》, 2010년 6월 호

직 과학자가 SF에 손을 대는 경우는 사정이 달라지는데, 저명한 천문학자이자 SF 작가이기도 한 프레드 호일Fred Hoyle의 장편소설 《10월 1일은 너무 늦다October the First is Too Late》가 좋은 예다. 이 장편소설은 블록우주론의 가장 큰 수수께끼에 대해 명확하고 과학적인 해답을 제공한다. 블록우주의 시간선상에 있는 모든 점이 동등한 조건 아래 고정되어 있다면, 왜 우리는 시간 축을 따라 움직이는 특별한 '현재'를 지각하는 것일까?

《10월 1일은 너무 늦다》는 1966년에 출간되었고, 나는 케임브리지대학교의 이론천문학과•에 입학하기 1년 전에 이 책을 읽었다. 이 소설에서는 지구의 각 지역마다 각기 다른 시대들이 존재하는 기묘한 형태의 시간여행이 묘사된다. 잉글랜드는 1966년, 북미는 18세기, 프랑스는 1917년, 그리스는 고전기인 식이다. 내가 소설보다 소설의 배경에 깔린 과학이 더 흥미롭다고

• 현재는 관측천문학자들이 합류함으로써 그냥 천문학과가 되었다.

느낀 것은 이 작품이 처음이었다.

진짜 과학을 끌어들인 SF의 팬이었던 나는 이 책의 머리말에서 프레드 호일이 한 말에 크게 감명받았다. "시간의 중요성과 인간 의식의 의미에 관해 논한 부분은 진지하게 받아들여주기 바란다."

케임브리지대학교 이론천문학과에서 가장 어린 풋내기 학부생에 불과했던 나에게 학과의 설립자였던 호일은 외경심을 불러일으킬 정도의 대학자였다. 하지만 케임브리지대학교의 전통인 커피타임에서는 교수와 학생 모두가 얼굴을 맞대고 비공식적인 토론을 벌일 수 있었다. 입학한 지 몇 주 뒤에 열린 커피타임에서 나는 주뼛거리면서 이 위대한 과학자에게 다가가 내가 이 책을 얼마나 좋아하는지 고백했고, 작중에 포함된 과학이 정말로 진지한 것인지 물었다. 머리말에 그렇게 쓰여 있었으므로 멍청한 질문이었지만 호일은 친절하게도 그렇다고 대답했다. 그 시점에서 수줍음이 최고조에 달했던 나는 더 이상의 대화를 포기하고 도망치듯이 그 자리를 떠났다. 그랬던 나도 이제는 호일의 생각을 여러분에게 진지한 과학으로서 소개할 수 있게 되었다.

호일은 (작중 인물의 입을 빌려) 끊임없이 흐르는 강이라는 시간의 이미지는 "그로테스크하고 부조리한 환상"이라고 단언한다. 물리학자가 다루는 4차원 시공간에서 지구의 공전 궤도는 태양을 한 바퀴 도는 원이 아니라 태양의 세계선 주위를 에워싼 4차원 와선spiral•이다. "그런 와선상의 지점 하나를 골라서 그 점이 지구의 현재 위치라고 주장하는 것은 어불성설이다." 과거에 존재했고 미래에 존재할 모든 것은 언제나 존재하며, 우리가 역사나 시간이 흐른다고 느끼는 감각은 오로지 우리의 의식에서 비롯된 것이다.

호일이 《10월 1일은 너무 늦다》에서 쓴 비유는 1966년 당시 내게 깊은 인상을 남겼고, 지금도 나의 뇌리에 뚜렷하게 각인되어 있다. 호일은 시공간의 모든 사건들에 관한 물리적인 정보가 들어 있는 칸막이 정리함 또는 '비둘기집pigeon hole'••들이 차곡차곡 쌓여 있는 모습을 상상해보라고 했다.

번호 순서대로 배열된, 무한하게 많은 이 조그만 상자들 속에 들어 있는 일련의 메모에는 다른 정리함들 속에 들어 있는 메모의 내용이 묘사되어 있다. 어떤 상자 속의 메모라도 마음대로 골라 읽을 수 있는 초월적인 존재가 있다고 가정해보자. 그런 존재는 임의의 상자 속에 들어 있는 메모가 그보다 순서상으로 앞서는 메모들의 내용을 상당히 정확하게 묘사하지만, 순서상으로

• 호일 같은 대학자의 말에 토를 다는 것은 내키지 않지만, 여기서는 와선(spiral)이 아니라 나선(helix)이라고 해야 옳다.

•• 보통 서류나 우편 분류를 위해 벽에 설치된 개방형 칸막이 장을 의미하지만, 여러 마리의 전서 비둘기들을 넣어두는 칸막이식 새장을 닮았기에 이런 애칭이 붙었다—옮긴이 주.

뒤에 오는 메모들의 내용에 관해서는 모호하고 모순되게 묘사한다는 사실을 깨달을 것이다. 여기서 말하는 순서는 물론 시간선을 의미한다. 정리함의 번호에서 낮은 숫자는 앞에 일어난 사건들에 해당하고, 높은 숫자는 뒤에 일어난 사건들에 해당하며, 각 상자는 '현재'에 해당한다.

> 자네가 열어본 특정 비둘기집을 현재라고 치자고. 그럴 경우 상당히 정확한 정보가 포함되어 있던 앞쪽 비둘기집들은 과거라고 할 수 있겠지. 부정확한 정보밖에는 없었던 뒤쪽 비둘기집들은 미래이고……. 현실 세계도 이것과 아주 흡사해.

그런 다음 호일은 한 줄기의 광선이 비둘기집, 즉 정리함들의 배열을 훑는 광경을 상상해볼 것을 요구한다. 최초의 정리함을 비추던 광선이 다른 정리함으로 옮겨 가는 식으로 말이다.• 광선이 특정 정리함을 비추면 의식이 발생하고, 그 의식은 우리와 똑같은 방식으로 과거와 미래를 자각한다. 소설의 목적을 위해 호일은 여러 정리함 무더기가 존재할 수 있고, 각 무더기는 각각 다른 인간의 의식에 상응할 수도 있음을 시사한다. 이럴 경우 "한 정리함 무더기는 당신이 **당신**이라고 부르는 것이고, 다른 무

• 이런 상황에서 '최초'가 뭘 의미하든 간에!

더기는 내가 **나**라고 부르는 것에 해당할 수 있다. ……개인이 가질 수 있는 의식은 하나뿐이지만, 정리함들의 집합이 여러 개인 것은 확실하다." 그러니 여기서 나는 이 아이디어를 다른 방향으로 발전시키고 싶다. 시간의 성질에 관한 최신 연구 성과들의 일부를 포함시키는 방식으로 말이다.

내가 고안한 비유는 프레더릭 폴Frederik Pohl과 시릴 콘블루스Cyril Kornbluth가 쓴 SF 《울프베인Wolfbane》에서 영감을 얻은 것이다. 1957년에 《갤럭시Galaxy》에 연재되었던 이 소설은 1959년에 장편 형태로 세상에 나왔는데, 나는 1960년대 말 호일의 《10월 1일은 너무 늦다》를 읽은 직후에 이 책을 읽었다. 《울프베인》에 등장하는 외계 지성은 아무렇게나 쌓아둔 태블릿 모양의 명판들에 정보를 저장해두는데, 이 외계 지성은 저자들의 말을 빌리자면 "약간의 예지력"을 가지고 있어서 아무렇게나 집어들어도 반드시 자신이 읽고 싶은 명판을 선택할 수 있었다. 나는 이 설정에 착안해서 호일의 비유를 도서관에 적용하면 어떨까 하는 생각을 했다. (당시 나의 아내가 도서관 사서였던 점도 일조했다.)

매년(매주나 매일이라도 상관없다) 일어나는 사건들을 빠짐없이 기록한 일련의 책들이 벽을 따라 번호 순서대로 가지런히 꽂혀 있는 도서관이 있다고 가정하자. 호일의 비둘기집과 마찬가지로 개개의 책에는 그보다 낮은 번호의 책들에 관해서는 신뢰할 수 있는 정보가 담겨 있지만 그보다 높은 번호의 책들에 관해서는 모호하고 신뢰할 수 없는 이야기만 쓰여 있다. 그러나 이 책들은 벽을 따라 가지런히 꽂혀 있을 필요가 없다. 모두 뽑아서 바닥에 아무렇게나 쌓아두어도 무방하다. 왜냐하면 책 무더기에서 어느 책을 집어들든 그 책에는 그보다 낮은 번호의 책들에 관해서는 신뢰할 수 있는 정보가, 그보다 높은 번호의 책에 관해서는 모호하고 신뢰할 수 없는 정보만 담겨 있을 것이기 때문이다. 게다가 앞서 말한 외계 지성처럼 약간의 예지 능력이 있을 필요조차도 없다. 설령 모든 책의 모든 페이지들을 뜯어내서 아무렇게나 쌓아놓더라도, 각 페이지에 그것이 속한 책의 일련번호와 페이지 수가 적혀 있기만 하면 그것들로부터 '이야기'를 읽어내는 것은 불가능하지 않기 때문이다. 그리고 각각의 페이지야말로 우리가 말하는 '현재'에 해당한다.

위의 묘사는 컴퓨터 메모리의 실제 작동 방식과도 크게 다르지 않다. 내가 이 책의 한 챕터처럼 문장을 어떤 하나의 블록으로 저장할 경우, 그 문장은 가지런한 1과 0의 배열이 아니라 데이터 덩어리인 청크chunk로 분할되어 메모리의 빈 공간 여기저기에 분산 저장된다. 각 청크에는 그것이 전체 이야기의 어느 부분에 해당하는지를 표시한 레이블 또는 주소가 딸려 있다.

내 경우는 개개의 챕터를 따로 써서(반드시 이 책의 순서대로 쓰지는 않는다) 파일의 형태로 하나씩 저장하고, 책 전체를 탈고할 때까지 조금씩 수정을 거듭한다. 수정이 끝난 뒤에는 각 챕터의 파

“흠, 우리는 시간이 '지나간다'고, 우리를 지나쳐 흘러간다고 생각하지만, 실은 우리가 과거에서 미래로 나아가면서 항상 새로운 시간을 발견하는 거라면? 책을 읽는 것과도 조금 비슷하겠군요. 책은 항상 앞표지와 뒷표지 사이에서 한꺼번에 존재합니다. 하지만 책에 쓰인 이야기를 읽고 이해하려면 항상 첫 페이지부터 시작해서 순서대로 읽어나가야 합니다. 우주가 아주 커다란 책이라고 한다면, 우리는 그걸 읽는 아주 작은 독자인 거죠.

— 어슐러 K. 르귄Ursula K. Le Guin, 《빼앗긴 자들The Dispossessed》

일들을 모두 합쳐서 하나의 완전한 책에 해당하는 전체 파일을 만든다. 그러나 컴퓨터는 이런 마지막 단계에서조차도 물리적으로 여러 챕터들을 합쳐서 하나의 블록을 생성하지 않고, 단지 분산 저장되어 있는 데이터 청크들의 레이블을 바꿔 쓸 뿐이다. 내가 전체 파일을 열어보거나 (아주 드물게) 인쇄할 경우, 내 컴퓨터 화면에는 시작, 중간, 끝을 포함한 연속적인 이야기가 뜨지만 말이다.

《10월 1일은 너무 늦다》와 《울프베인》을 읽고 30여 년이 흘렀을 무렵, 나는 나보다 훨씬 더 똑똑한 인물을 만난 덕에 이런 식의 비유에 좀 더 확고한 이론적 기반을 부여할 수 있게 되었다. 그의 이름은 줄리언 바버Julian Barbour로, 물리학자인 그의 주요 견해는 1999년에 출간된 《시간의 종말The End of Time》에서 읽을 수 있다.• 바버는 이 책에서 "시간에 뚜렷한 방향이 있다는 놀랄 정도로 강한 믿음"의 불가사의한 원인에 관해 논하지만, 시간의 화살에 관한 부분은 이 책 〈2단계: 시간의 화살은 가리키기는 해도 움직이지는 않는다〉에서 이미 논했으므로 더 이상의 자세한 설명은 생략한다. 블록우주 개념을 설명하기 위해 바버가 선호하는 비유는 일련의 '3차원 스냅숏three-dimensional snapshots'인데, 각 스냅숏에는 다른 스냅숏들의 기억이 포함되어 있을 수 있다는 설정이다. 1990년대 말에 쓰인 이 책에서 바버는 "여러 사람들이 같은 순간에 어떤 장면의 통상적인 2차원 스냅숏을 찍는다면" 3차원적 스냅숏을 생성하는 것이 가능하며, 그럴 경우 문제의 스냅숏들은 세계의 3차원 사진을 만들기 위해 쓰였음을 지적했다. 이로부터 20년쯤 지난 뒤, 이것은 현실이 되었다. 특히 광고 제작자들이 애용한 이 방식은 이를테면 백조 한 마리가 날아오르는 광경을 서로 연동되는 형태로 배치한 여러 대의 카메라로 찍은 다음에 이 광경의 3차원 이미지를 생성하는 식이다. 바버에 의하면 이런 스냅숏들을 하나로 묶어주는 '접착제'는 공간이다. 그리고 우리가 경험하는 세계는 이런 방식으로 접합된 '지금들nows'로 이뤄져 있다.

• 내가 바버에게 《10월 1일은 너무 늦다》에 관해 언급한 뒤, 바버는 나중에 나온 페이퍼백 개정판에서 자신이 프레드 호일의 '비둘기집' 이론과 근본적으로 같은 이야기를 하고 있다고 인정했다. 나도 뭔가 역사적인 기여를 한 것 같아서 기쁘다!

그러나 '지금들'은 단순한 스냅숏들보다 훨씬 더 복잡한 탓에, 바버는 임의의 시점에—딱 맞는 용어가 없으므로 일단 '시점instant'이라고 하자•—존재하는 세계의 상태를 적절하게 묘사하기 위해 '시간 캡슐'이라는 용어를 쓰자고 제안했다. 종이 쪽지에 갈겨 쓴 메모에서부터 지층 속의 화석 또는 허블우주망원경이 촬영한 먼 은하의 사진들을 망라하는 온갖 종류의 정보는 시간 캡슐의 내부에서 현실의 기록을 형성하지만, 한 개인이 경험하는 시간 캡슐은 다른 누구도 아닌 오직 그 개인만의 것이다. "시간과 역사가 존재한다는 차고 넘치는 증거들은 지속적인 구조 안에서 정적인 배열의 형태로 암호화된다." 바꿔 말해서, 우리가 시간이 존재한다고 굳게 '믿는' 이유는, 상술한 3차원적 스냅숏의 형태로만 세계를 경험하기 때문이다. 그러나 바버는 "시간은 존재하지 않으며, 유일하게 존재하는 것은 변화하는 사물들뿐이다"라고 단언한다. 이미지 하나만으로도 동작의 인상을 전달할 수 있듯이, 모든 변화의 모습은 이와 동일한 방식으로 정적인 '사물들' 내부에 코딩된다. "윌리엄 터너가 그린, 눈폭풍에 휘말려 요동치는 〔증기선〕 아리엘호의 모습처럼" 말이다.

바버는 자신이 제시한 '지금들의 영역land of nows'에 플라토니아

• 시점이란 기하학에서 말하는 선분상의 '점(point)'의 개념을 시간에 적용한 것이라고 보면 된다—옮긴이 주.

Platonia라는 이름을 붙였다. 진정하게 존재하는 것은 이상적인 형태 또는 이데아뿐이며, 인간은 그것을 불완전하게 흘끗 볼 수밖에 없다고 가르친 고대 그리스 철학자 플라톤의 이름을 딴 표현이다.

> 플라토니아 전역에는 바그너가 〈트리스탄과 이졸데〉를 작곡하고, 우주비행사들이 허블우주망원경을 수리하고, 새들이 둥지를 짓고, 내가 빵을 굽고 있는 시점instant들이 존재한다.

여기까지는 호일이 썼던 비둘기집의 비유와 크게 다르지 않을뿐더러, 심지어 계속적인 세계선들을 포함하는 표준적인 블록우주의 개념에도 부합된다. 그러나 바버의 책 말미에는 반전이 숨어 있었고, 이 반전에는 빛보다 빠르게 움직이는 빛의 경우처럼 양자역학이 관여했다. 1980년 옥스퍼드대학교에서 열린 학회에서 저명한 물리학자 존 스튜어트 벨John Stewart Bell은 양자물리학의 규칙들과 합치되는 매우 특이한 역사(과거사) 해석 방법을 제시했다.• 벨은 과거사가 실제로는 존재하지 않아도 과거사의 기록은 존재할 수 있다고 지적했다. 이를테면 공룡의 화석이 존재하

• 그가 쓴 《양자역학에서 말할 수 있는 것과 말할 수 없는 것(Speakable and Unspeakable in Quantum Mechanics)》 참조. 벨은 양자 이론의 가장 뛰어난 해설자 중 한 명이었고, 요절하지만 않았으면 분명 노벨 물리학상을 받았을 것이다.

는 것은 사실이지만, 화석이 존재한다고 해서 반드시 공룡이 존재했다는 이야기가 되지는 않는다. 벨은 이런 가능성을 무조건 진지하게 받아들일 필요는 없지만 가능성 자체는 우리가 한 모든 관측과 일치한다고 말했다. 그러나 그 학회에 참석한 바버는 이와는 대조적인 입장을 취했다. 고전적인 이론에 의하면(물리학에서 말하는 고전적인 이론이란 양자역학 이전의 모든 이론을 의미하며, 일반상대성이론도 여기 포함된다) 과거에서 현재로 이어지는 역사는 유일무이하다. 벨은 역사 따위는 존재하지 않을 수도 있다고 시사한 반면, 바버는 많은 상이한 역사들이 현재로 이어졌다는 입장을 취했다. 이런 논의에는 통상적으로 양자물리학의 다세계 해석Many Worlds Interpretation, MWI이라고 불리는 이론과 평행우주의 개념이 수반된다. 다세계 해석은 프레드 호일의 비둘기집들과도 무관하지 않은데, 그 결과 또 다른 방식의 시간여행이 가능해진다. 다음 장에서는 그 핵심 개념에 관해 논하겠다.

8단계

시간을 옆으로 이동하기

"붕괴하는 모든 블랙홀의 내부에는
새롭게 팽창하는 우주의 씨앗이 들어 있을지도 모른다."
— **마틴 리스** Martin Rees

단순화해서 말하자면, 블록우주 개념은 지금까지 존재했거나 앞으로 존재할 모든 것은 '언제나' 그곳에 존재한다고 주장한다. 다세계 해석은 지금까지 존재했거나 앞으로 존재할 모든 **우주**는 '언제나' 그곳에 존재한다고 주장한다. 이것은 많은 사람들이 다세계 해석에 관해서 (잘못) 알고 있는 상식과는 판이하게 다른데, 유명한 슈뢰딩거의 고양이 예를 써서 그 이유를 설명하면 다음과 같다.

양자역학의 기본 원리 중 하나는 원자와 입자처럼 근본적인 준위에서 일어나는 사건들의 결과가 확률에 의해 결정된다는 것이다. 이 원리는 방사성 붕괴 같은 현상에서 명확하게 드러난다. 방사성 물질 표본에 포함된 원자들의 절반은 특정 시간 안에 다른 물질로 '붕괴'하는데, 이 시간을 반감기라고 한다. 그러나 특정 원자가 언제 붕괴할지 미리 예측할 방법은 없다. 어떤 원자는 즉시 붕괴할 수도 있고, 다른 원자는 몇백만 년 동안 붕괴하지 않을 수도 있다. 그러나 표본량이 클 경우, 반감기가 지난 후 초기 원자의 약 50퍼센트는 붕괴하지 않고 그대로 남아 있을 것이다.

그런데 특정 원자의 붕괴 여부를 확인하려면 어떤 식으로든 그것을 관측하는 수밖에 없다. 이 현상은 너무 오랫동안 양자역학의 상식으로 통용되어온 '붕괴'라는 개념을 통해 '설명'된다. 구체적으로 말하자면, 개개의 원자는 붕괴된 상태와 붕괴되지 않은 상태가 공존하는 '중첩 상태'에 있다가, 둘 중 하나의 상태로 '붕괴'한다. 슈뢰딩거는 이 개념의 부조리함을 부각할 목적으로 고양이를 동원한 사고실험을 제안했다.

그는 밀폐된 방에 고양이가 한 마리 갇혀 있는 상황을 상상해 보라고 한다. 이 방에는 먹이와 물을 비롯한 필수품과 더불어 그가 양자계의 상태에 기반한 '악마적인 장치'라고 부르는 것이 추가되어 있었다. 실험자는 이 계가 어떤 상태로 붕괴하거나 다른 상태로 붕괴할 가능성이 50 대 50이 되도록 조절할 수 있다. 만약 처음 상태로 붕괴한다면 고양이에게는 아무 일도 일어나지 않는다. 그러나 다른 상태로 붕괴한다면 그 장치는 상자 내부에

독을 분사해서 고양이를 죽인다. 하지만 이 계가 중첩 상태에 있다고 한다면 어떤 일이 일어날까? 1935년에 슈뢰딩거는 이 고양이 역시 중첩 상태에 있어야 함을 지적했다. 고양이가 산 상태와 죽은 상태가 겹쳐 있다는 뜻이다.

물론 이건 말이 안 되는 소리이지만, 몇십 년 동안 대다수의 학자들이 양자역학의 방정식을 이용해서 물리학적인 문제를 풀 수만 있다면 현실 세계에서 실제로 무슨 일이 일어나는지에 큰 관심을 보이지 않았던 것도 사실이다. 그러나 슈뢰딩거는 아일랜드 더블린에서 연구를 하던 중에 그보다 나은 개념을 착안했고, 1952년 〈양자도약은 존재하는가?Are There Quantum Jumps?〉라는 제목의 논문을 발표했다. 여기서 그는 모든 양자적 가능성은 실제로 존재하므로 붕괴는 일어나지 않는다고 시사했다. 슈뢰딩거가 제시한 예에서 두 개의 우주는 고양이를 이용한 실험이 수행되는 시점까지는 동일하지만, 그 직후에 각각 고양이가 살아 있는 우주와 고양이가 죽어 있는 우주로 변화한다. 우리가 상자 뚜껑을 열고 고양이가 죽었는지 살았는지를 확인할 때, 우리는 그 무엇도 붕괴시키지 않으며, 다만 우리가 어느 쪽 우주에 살고 있는지를 확인할 뿐이다.

슈뢰딩거의 이 논문은 그리 큰 주목을 끌지 못했고, 몇 년 뒤에 비슷한 아이디어를 제시한 젊은 미국인 연구자는 그런 논문이 있는지도 모르고 있었다. 이 미국인 연구자의 이름은 휴 에버렛Hugh Everett이다. 에버렛은 1957년 프린스턴대학교에 제출한 박사학위 논문에서 우주가 여러 갈래로 분기한다는 다세계 모델을 제시했다. 슈뢰딩거의 고양이와 마찬가지로 문제의 '실험'을 수행하는 과정에서 우리는 한 마리의 고양이가 있는 하나의 우주에서 시작하지만, 실험 직후 이 우주는 고양이가 살아 있는 우주와 죽어 있는 우주의 두 우주로 분기한다는 주장이었다. 다세계 가설에 관한 에버렛의 버전 역시 복잡한 분기 개념을 내포하고 있는 탓인지 몇 년 동안이나 별다른 주목을 받지 못했지만, 훗날 다세계 해석의 대표적인 예가 된 것은 오히려 에버렛의 논문 쪽이었다. 슈뢰딩거의 설명 쪽이 훨씬 이해하기 쉽다는 것을 감안하면 얄궂은 결말이라고 할 수 있겠지만, 양쪽 이론 모두 진지한 학술 연구의 대상이 되기 전에 이미 SF의 소재로 활용되었다는 공통점이 있다.

이런 맥락에서 1934년 《어스타운딩》에 실렸던 머리 라인스터Murray Leinster의 〈옆쪽 시간으로Sidewise in Time〉가 특히 흥미로운 이유는 《10월 1일은 너무 늦다》와 설정이 흡사하기도 하지만 중대한 차이점이 있기 때문이다. 이 단편의 배경은 가상의 1935년인데, 여기서는 지구 표면의 지역들이 과거나 미래의 해당 지역으로 치환되는 것이 아니라 해당 지역의 대체 시간선으로 치환된다. 북미에 가보니 바이킹들이 먼저 와서 자리를 잡은 지역이 있고, 캘리포니아는 제정 러시아의 지배를 받고 있으며, 남부연맹

이 남북전쟁에서 승리한 지역도 있는 식이다. 그러나 호일의 장편소설과 달리 라인스터의 단편에서 묘사되는 변화는 과거든 미래든 시간여행과는 관계가 없다. 모든 변화는 앞뒤가 아닌 평행 방향—라인스터의 표현을 빌리자면, 측면sidewise 방향—으로 이루어지기 때문이다. 그보다 더 최근의 예로는 1990년 중반에 TV에서 방영된 〈슬라이더즈Sliders〉 시리즈가 있는데, 이 드라마의 기반을 이루는 것은 앞서 말한 슈뢰딩거식 다세계 해석에서 제시된 평행우주 개념이었다.

에버렛의 다세계 '분기' 버전도 1930년대의 SF에 등장한 적이 있다. 《원더 스토리즈Wonder Stories》 1935년 8월 호에 실린 데이비드 대니얼스David Daniels의 〈시간의 가지들The Branches of Time〉이라는 단편은 시간여행자들에게 또 하나의 난제를 제기하고 있다. 아래의 인용문은 이 소설의 주인공이 과거를 바꿈으로써 현재를 개선하려는 시도의 덧없음에 대해 고찰하는 대목이다.

> 알다시피 역사는 끔찍한 사건들로 점철되어 있네. 하지만 그걸 바꿔봤자 아무 소용도 없어. 예를 들어 옛날 순교자들이나 그들이 겪은 고통을 떠올려봐. 난 당시로 되돌아가서 그들을 구출하고 끔찍한 운명을 겪지 않도록 할 수 있어. 하지만…… 여전히 그들은 불행과 고뇌를 피하지 못해. 왜냐하면 이 시간선에서 그건 이미 일어난 일이거든.

“어떤 의미에서 시간여행을 하는 사람은 시간 차원에서만 이동하는 것이 아니라 다른 우주를 향해서도 이동한다. 만약 당신이 과거로 돌아간다면 다른 우주로 돌아가게 된다. 과거에 도착하자마자 당신은 어떤 식으로든 선택을 할 것이고 그 결과 우주는 분기한다. 그런 고로, 당신이 과거를 방문해서 하는 행위는 원래 우주에 아무런 영향도 미치지 못한다.

— 로널드 몰렛Ronald Mallet, 코네티컷대학교

바꿔 말해서 ‘개선된’ 시간선은 사실 시간여행자의 원래 시간선에서 분기했을 뿐, 원래 시간선은 전혀 변하지 않은 것이다.

그러나 진짜 양자역학에 가까운 요소를 처음으로 SF에 도입한 영예는 잭 윌리엄슨Jack Williamson에게 돌아가야 옳다. 그가 쓴 장편《시간의 군단The Legion of Time》은 1938년 여름《어스타운딩》에 연재되었고, 향후 여러 번 책의 형태로도 출간(솔직히 말해서 소설 자체보다 오히려 이 사실 쪽이 더 인상적이다)되었다. 작중에서 등장인물 중 하나가 시간에 관해 설명하는 유명한 대목이 있다.

현실 입자들을 확률 파동으로 대체할 경우, 사물로 이루어진 세계선은 더 이상 예전처럼 고정된 단일 경로를 따라가지 않는다네. 그럴 경우 우리가 직면하는 건, 아원자 수준의 불확정성이 야기한 무한한 분기의 가능성이야.

SF 작가 해리 해리슨Harry Harrison은 1975년 강연•에서 바로 이 부분에 대해 청중의 주의를 환기하고 있는데, 해리슨은 윌리엄슨의 시간 개념을 다음처럼 좀 더 알기 쉽게 설명했다.

> 시간을 흐르는 강에 비유할 경우 미래를 바꾸는 것은 불가능합니다. 만약 당신이 아침에 출근하면서 지하철 대신 버스를 탔다가 교통사고로 죽는다면, 당신의 죽음은 이미 예정되어 있었던 겁니다. 그러나 시간이 항상 분기하고 있다면 두 개의 미래가 생겨나게 됩니다. 당신이 교통사고를 당해 죽는 미래와, 지하철을 탄 덕에 멀쩡한 미래가.

이것은 이른바 주류 문학의 클리셰가 되었고, 영화 〈슬라이딩 도어즈Sliding Doors〉의 소재로도 쓰였다. 이런 종류의 창작물들이 그 영감의 원천이 되어준 SF에 감사를 표하는 경우는 보기 힘들지만 말이다. 이 경우에도 프레드 호일은 우리에게 설득력 있는 이미지를 제공해준다. 《10월 1일은 너무 늦다》에서 등장인물인 과학자는 세계를 파괴할 수 있는 종말 병기••에 양자계를 연결

• 피터 니콜스가 편찬한 《경이로움의 탐구(Explorations of the Marvellous)》에도 실렸다.

•• 지구상의 모든 생명을 말살할 수 있을 정도로 강력한 가상의 무기. 핵 보유국끼리의 핵전쟁 발발 시에 자동으로 가동되는 상호확증파괴 시스템을 가리킬 때도 있다—옮긴이 주.

함으로써 세계의 파멸 여부를 순전히 무작위한 운에 맡길 경우 일어날 수 있는 일을 상세하게 설명한다. 슈뢰딩거의 고양이 실험의 궁극적인 버전인 셈이다.

> 그럴 경우에도 우리는 필연적으로 살아남는 것처럼 보일 거야. 왜냐하면 양자계가 결정을 내리는 시점에서 세계는 분기되고, 완전히 분리된 두 개의 비둘기집 무더기가 되기 때문이지. 한쪽 세계에서는 원자핵이 붕괴해서 폭탄이 터지고 지구의 모든 생명이 멸망하겠지. 그리고 그런 세계의 비둘기집들에는 지구상의 생명체들에 관한 정보가 더 이상 추가되지 않아. …… 그런 반면 다른 쪽 블록의 지구는 멀쩡하게 남고, 우리의 삶은 계속될 거야.

그러나 호일이 묘사한 상황에서도 슈뢰딩거식의 다세계 해석은 유효하다. 비둘기집 한 무더기가 두 무더기로 분기하는 대신 처음부터 두 무더기의 비둘기집들이 존재하고, 양쪽 무더기 모두 특정 번호의 비둘기집까지는—바꿔 말해서, 폭탄이 터지거나 터지지 않은 시점까지는—동일한 정보를 가지고 있다는 식으로도 묘사될 수 있으니까 말이다. 그런 다음 한쪽 무더기의 비둘기집들은 텅 비지만, 다른 쪽 무더기에 포함된 비둘기집들 중 번호가 높은 것들은 여전히 정보로 가득 차 있게 된다. 여기에 호일이 제시한, 인간 의식을 발생시키는 조그만 광선이 비둘기집들 위를 이리저리 훑는 이미지까지 추가해야 할까? 양자역학의 최신 연구 성과에 의하면 우리가 관측을 통해 비둘기집들 속의 정보를 우주 또는 우주들의 양자 상태와 동일시하는 한 그럴 필요는 없다. (호일도 그럴 가능성에 대해 언뜻 언급하기는 했다.) 호일이 쓴《10월 1일은 너무 늦다》의 핵심 아이디어는 모든 서로 다른 시간대들은 동등하게 유효한 양자 상태라는 점이다. 그러나 시간뿐만 아니라 서로 다른 모든 **시공간**들이 동등하게 유효한 양자 상태들이라면?

이런 아이디어를 상세하게 탐구한 대표적인 사람이 옥스퍼드 대학교의 물리학자 데이비드 도이치다. 내가 앞에서 스냅숏이라고 표현하고 바버가 타임캡슐이라고 부른 것들은 개개의 양자 상태들로 간주될 수 있다. 우주적인 척도에서 바라본, 슈뢰딩거의 살거나 죽은 고양이처럼 말이다. 만약 우주가 단 하나만 존재한다면, 그 우주에서의 시간의 '흐름'은 우주의 양자적 상태에 해당하는 비둘기집들의 열array에 빗댈 수 있다. 그러나 수많은 세계들이—멀티버스가—존재한다면, 각기 하나의 독립된 우주를 대표하는 비둘기집들의 열이 여러 개 있는 광경을 떠올려야 한다. 그러나 이런 비유는 너무 융통성이 없을 수도 있다. 나 자신의 비유 목록을 다시 동원하자면, 우주의 이야기는 도서관 바닥에 제멋대로 널린 책장 무더기를 통해서도 읽을 수 있다. 도이치는 이것을 다음과 같이 표현했다.

모든 스냅숏은 물리법칙과 마찬가지로 다른 스냅숏들을 규정할 뿐만 아니라 그 배열 순서까지 규정하며, 그 순서에서의 자기 위치까지 규정한다. 바꿔 말해서 모든 스냅숏에 포함된 물리적인 내용물에는 그 스냅숏 고유의 '시간 도장time stamp'이 하나씩 찍혀 있다고 할 수 있다.

이 비유를 확장할 경우, 독자들은 수없이 많은 스냅숏 무더기들이 어깨를 맞대고 무한하게 이어지는 멀티버스를 본능적으로 떠올릴지도 모른다. 그러나 그런 스냅숏 무더기들이 분리되어 있을 필요는 없다. 존재 가능한 모든 우주의 존재 가능한 모든 상태를 나타내는 모든 페이지를 한군데 쌓아놓아도 문제없다는 뜻이다. 도이치가 말하는 모든 스냅숏에는 시간 도장뿐만 아니라 장소 도장까지 찍혀 있기 때문이다. 만약 이 무더기 전체를 외부에서 관찰할 수 있다고 해도(물론 그런 일은 불가능하지만) 개개의 스냅숏이 어느 시간에 속해 있는지를 알 수 없는 것과 마찬가지로, 어느 스냅숏이 어느 우주에 속해 있는지를 알아내는 것도 불가능하다. 도이치의 말대로, "다른 시간이란 단지 다른 우주들의 특별한 예에 불과하기 때문이다."

비슷한 우주들 또는 비슷한 시간들이 우리에게 익숙한 일상적인 방식으로 '가깝게' 모여 있는 것이 아니라고 해도 비슷한 양자적 상태들 사이에는 모종의 관련성이 존재한다. 그 상태들은 물리학자들이 '위상 공간phase space'이라고 부르는 곳에 모여

“시간여행은 언젠가는 실현될지도 모르고, 실현되지 않을지도 모른다. 설령 실현된다 해도 그것을 받아들이기 위해 딱히 세계관의 근본적인 변화 따위는 필요하지 않을 것이다. 적어도 내가 이 책에서 제시한 세계관을 개략적으로라도 나와 공유하는 독자들의 경우는 말이다.

— 데이비드 도이치, 《현실의 구조The Fabric of Reality》

있을 것이기 때문이다. 아주 단순한 비유를 동원하자면, 우리 집 뜰에 있는 옅은 적갈색 고양이와 호놀룰루에 사는 옅은 적갈색 고양이 사이에는 관련성이 존재한다. 두 마리 모두 옅은 적갈색이고 고양이이며, 고로 비슷한 DNA를 가지고 있기 때문이다. 이런 고찰은 부분적으로는 여러 SF의 주제를 과학적으로 정당화하는 데 쓰인다. 이를테면 우리 세계와 '근접한' 평행세계들은 우리 세계를 닮았지만 시간을 옆으로 더 멀리 이동할수록 달라진다는 식이다.• 테리 프래쳇Terry Pratchett과 스티븐 백스터Stephen Baxter가 쓴 《긴 지구The Long Earth》 시리즈가 좋은 예인데, 주인공들은 평행세계들 사이를 여행할 때 '스테퍼Stepper'라고 불리는 값싼 장치를 쓴다. 소설에서야 아무 문제도 없지만, 시간을 옆으로 이동해서 실제로 평행우주 내지는 대체 현실들로 가려면 어떤 방법을 써야 할까?

• 도이치는 양자 컴퓨터의 작동 방식에도 비슷한 논리를 적용할 수 있다고 지적했지만, 설명하자면 너무 길어서 여기서는 생략한다. 참고 도서 목록에 있는 《양자 고양이들과 하는 컴퓨팅(Computing with Quantum Cats)》 참조.

잠재적인 스테퍼 사용자들에게는 안 좋은 뉴스이지만 시간을 옆으로 이동하려면 〈6단계: 초보자를 위한 시간 터널링〉에서 논했던 종류의 블랙홀 터널을 이용할 필요가 있어 보인다. 인공적으로 만들 수 있을 것 같지는 않다. 적어도 가까운 미래에는 말이다. 하지만 아예 포기할 필요도 없다. 그런 터널은 자연 발생할 수 있는 데다가, 캐나다의 명망 있는 페리미터이론물리학연구소 소속의 물리학자 리 스몰린Lee Smolin에 의하면 우주의 기원을 설명할 단서가 되어줄 가능성까지 있기 때문이다.

이 아이디어는 우리 우주가 양자요동quantum fluctuation에 의해 생성된 초고밀도의 에너지 씨앗으로서 시작된 방식에 관한 최신 지식에 기반한다.• 우주의 씨앗은 인플레이션inflation, 즉 급팽창이라고 불리는 과정으로 촉발되어 팽창하기 시작했고, 그 결과 빅뱅이 일어났으며, 항성과 행성과 사람들이 그 뒤를 이어 탄생했다. 일반상대성이론의 맥락에서 보면 초고밀도 상태로부터의 급팽창은 블랙홀을 생성하는 물질의 붕괴 과정과 정확히 거울상을 이룬다. 이와 관련된 방정식들은 그런 식의 물질 붕괴가 무한대의 밀도, 즉 특이점이 생성될 때까지 이어진다고 예측하고 있다. 물론 정말로 그런 일이 일어날 것이라고 믿는 물리학자는 아무도 없다.

• 나의 전자책 《빅뱅 이전(Before the Big Bang)》 참조.

그 대신 그들은 붕괴 과정이 어떤 한계에 달하면 마치 뉴턴의 중력이 어느 수준까지는 유효하지만 태양이 빛을 굴절시키는 이유를 제대로 설명하지 못하는 것처럼, 일반상대성이론 또한 그 현상을 제대로 설명하지 못하는 시점이 오고, 그다음에는 양자 물리학의 법칙들이 등장해서 상대성이론을 대체한다고 생각한다. 이런 이론의 전환을 기술하는 방정식은 아직 정립되지 않았지만 말이다.

이런 식의 양자 법칙들은 초고밀도 상태에 있던 초기 우주의 급격한 팽창을 역으로 기술해준다. 물질이 특이점을 향해 (일정 수준까지) 붕괴할 때, 어떤 시점이 오면 팽창 과정은 역전된다. 그러나 블랙홀의 구조가 반전되며 우주를 향해 폭발하는 광경은 목격된 적이 없다. 실제로는 무슨 일이 일어나고 있는 것일까? 추측해보자면 특이점을 향해 가던 질량 에너지는 웜홀로 우회하며 어딘가 다른 장소에서 출현할 공산이 크다. 이것은 일반상대성이론의 규칙들과 완전히 합치된다.

〈7단계: 앞으로 존재할 모든 것은 실제로 존재한다〉에서 설명했듯이 여기서 말하는 '다른 장소'란 다른 시간일 수도 있다. 아니, 지금 생각해보니 아예 다른 시공간일 가능성이 커 보인다. 멀티버스에 이미 존재하는 다른 우주 말이다. 그러나 스몰린은 그와는 또 다른 가능성을 제시했다. 스몰린의 시나리오에 의하면 초고밀도 상태에서 밖을 향해 팽창하는 물질은 자체 인플레이션 단계를 거쳐 4차원 시공간을 내포한 독립된 우주가 될 수 있다.• 하나의 우주가 또 하나의 우주를 낳은 꼴이다. 우리가 살고 있는 우주에 수많은 블랙홀이 산재해 있다는 점을 감안하면, 우리 우주는 아기 우주를 낳는 탁월한 능력을 가지고 있는 것처럼 보인다.

조금이라도 이런 생각을 해본 사람들은 대부분 여기서 만족하고 만다. 그러나 스몰린은 우주가 왜 그리 다산多産하는지 궁금해했다. 그는 블랙홀이 이토록 쉽게 발생하는 것은 물리법칙 덕이며, 핵융합과 양자 터널링이 지금과는 조금이라도 다른 방식으로 작동했다면 항성들은 블랙홀이 되는 과정을 아예 시작하지도 못했을 것이라고 지적했다. 그가 쓴《우주의 생애The Life of Cosmos》에는 이것 말고도 다른 예가 여럿 실려 있지만, 관련 방정식만 가지고서는 이러한 매개변수가 왜 지금과 같은 값을 가지는지를 설명할 수 없다. 그리고 다른 우주에서는 물리법칙이 우리 우주와는 조금 혹은 크게 다를 수도 있으므로 항성 같은 천체도 우리 우주의 것들과는 아예 다른 방식으로 작동할지도 모른다. 이런 시나리오는 수학적 모델을 동원한 시뮬레이션에서도 완벽하게 성립한다.

• 이 주제를 뛰어난 수완으로 소설화한 예로 거장 그레고리 벤포드의 장편《코즘(Cosm)》이 있다.

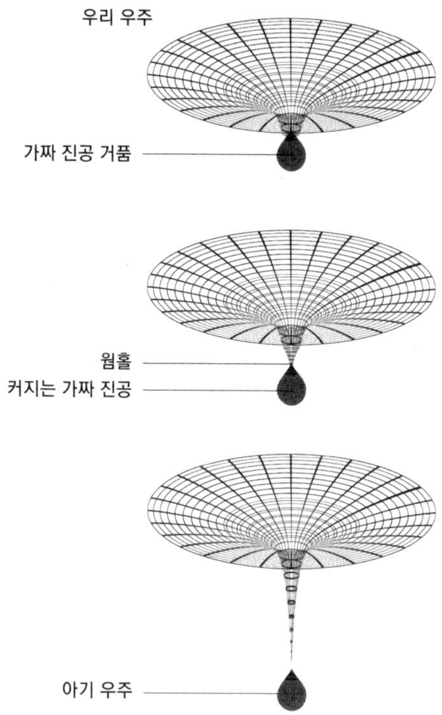

그림 13 질량이 큰 물질이 시공간을 왜곡하며 "가짜 진공" 거품을 만들며 아기 우주가 생성된다. 진짜 진공은 최소한의 에너지로 존재하는 가장 안정적인 상태이며, 가짜 진공이란 국부적·상대적으로 안정적인 가상의 진공을 말한다.

스몰린은 블랙홀에서 아기 우주가 태어날 때마다 그 우주에 작용하는 물리법칙이 원우주의 것과는 조금씩 달라질지도 모른다고 추측했다. 생물학적 후손이 선대와 조금씩 다른 것처럼 말이다. 물론 생물학적 세계에서 이런 변화는 자연선택이 작동할 기반을 제공하고 진화의 원동력으로 작용한다. 그러나 스몰린은 이런 설명을 단순한 비유 이상의 것으로 간주했다. 우리 우주처럼 블랙홀을 쉽게 생성하는 우주는 수많은 아기 우주를 낳을 것이고, 그런 아기 우주들이 물려받은 속성은 멀티버스에 넓게 분산되는 결과로 이어질 것이기 때문이다. 블랙홀을 쉽게 만들이내지 못하는 우주는 많은 자손을 남기지 못하므로 수 자체가 적다. 스몰린은 우리 우주가 이런 종류의 진화론적 과정의 산물이며 다른 우주에 있는 블랙홀이 붕괴하면서 생겨났을지도 모른다고 지적했다. 한편 이런 논리는 호일과 도이치와 바버가 제시한, 시간이 존재하지 않는 블록우주의 개념과도 일맥상통한다. 여기서 중요한 것은 위상 공간에 산재하는 서로 다른 성질을 가진 우주들의 상대적 비율이기 때문이다. 이것을 앞서 말한 시간 개념에 적용할 경우 "우주 생성의 기반을 이루는 자연선택은 새로운 법칙을 만들어내는 것이 아니라 단지 항구적으로 존재하는 가능성들 중 하나를 선택한 것에 불과할지도 모른다"라고 스몰린은 지적했다. 이런 관점에서 보면 우리 우주가 이런 성질을 가지고 있는 이유는 특정한 종류의 항성들을 효율적으로 생성할 수 있는 방향으로 진화했기 때문이다. 또는 우리 우주가 밀도가 높은 위상 공간의 일각을 점유하고 있기 때문이다. 이 모든 과정의 부산물 중 하나로서 어쨌든 생명이 살기에 적합한 행성이 하나 태어난 것은 순전한 우연에 불과하다.

시간여행을 계획 중인 사람들에게 전하고 싶은 주의 사항이 하나 있다. 설령 당신이 '스테퍼'를 써서 다른 평행 지구로 쉽게 이동할 수 있다고 해도, 그 지구가 당신에게 쾌적한 장소일 것이라는 보장은 없다. 물리법칙이 조금만 변하더라도 생명 활동의 기반이 되는 생화학적 과정은 큰 영향을 받을 수 있기 때문이다. 예를 들어 DNA 분자들이 안정된 구조를 유지할 수 있는 것은 수소 결합이라는 힘이 존재하기 때문이다. 그런데 옆 우주의 수소 결합력이 우리 우주의 그것보다 약하다면, 당신의 DNA는 그곳에 도착하자마자 풀려날 것이다. 그러나 이런 이야기를 들었다고 해서 실망할 필요는 없다. 평행우주로의 시간여행이 예전보다는 덜 매력적으로 느껴질지도 모르지만, 스몰린의 말이 옳다면 우리가 존재하고 우리 우주가 존재하는 것은 바로 그런 식의 시간여행이 가능하기 때문이다. 이것이야말로 시간의 궁극적인 본질이며, 이 책을 마무리짓기에 좋은 지점일지도 모른다. 단, 수많은 SF의 소재가 되어준 시간여행 패러독스에 관해 당신이 품고 있을지도 모를 의문을 불식한 뒤에 말이다.

9단계

패러독스를 회피하는 방법

"나는 내가 어디서 왔는지 알아.
하지만 너희 모든 좀비는 다 어디서 왔지?"
— **로버트 A. 하인라인, 〈너희 모든 좀비는…**"—All You Zombies—"**〉**•

이른바 시간여행 '패러독스'는 언제나 과거로 돌아가서 일으킨 변화가 현재에 영향을 미치는 상황과 관련이 있다. SF에서 다루기에는 안성맞춤인 소재이지만, 우리가 단 하나의 블록우주에 살고 있다면 과거에 **영향**을 끼칠 수 있을지는 몰라도 완전히 **바꾸는** 것은 불가능하다. 세계선들은 이미 그어졌고, 재난은—그런 것이 있다면—일어났다. 이런 개념은 적어도 이미 1951년부터 SF의 소재로 쓰였다. 그리 유명하지 않은 미국의 단편 SF 작

• 원제의 줄표와 쌍따옴표는 모두 제목의 일부이며, 작중 대사의 인용문임을 의미한다.

가인 월터 큐빌리우스Walter Kubilius는 《사이언스 픽션 쿼터리Science Fiction Quarterly》 1951년 5월 호에 〈되돌아가라, 오 시간이여!Turn Backward, O Time!〉라는 제목의 단편을 실었는데, 등장인물이 방문하고 싶은 과거 시대를 선택하면서 타임머신의 조작자에게 이렇게 묻는 대목이 있다. "과거의 어떤 시대라도 갈 수 있다면, 내가 역사도 마음대로 바꿀 수 있는 거죠? 그렇다면 현재도 바꿀 수 있다는 이야기네요?" 그러자 조작자는 이렇게 설명한다. "당신이 궁극적으로 선택할 시대가 언제인지는 이미 정해져 있고, 당신이 거기서 무슨 일을 할지도 이미 결정되어 있습니다." 제프리 초서Geoffrey Chaucer가 서사시 〈트로일러스와 크리세이드Troilus and Criseyde〉에서 읊었듯이 말이다.

> …… 만약 태곳적부터
> 신이 우리의 생각과 행동을 이미 알고 있었다면,
> 무슨 책을 읽든 우리에게 선택의 자유는 없다.

이 주제를 탐구한 SF는 수없이 많지만 결정판이라고 할 수 있는 작품은 마이클 무어콕Michael Moorcock의 《이 사람을 보라Behold the Man》다. 이 소설에 등장하는 시간여행자는 피학적 성향을 가진 데다가 정신적으로 불안정하며 종교광이라고 해도 무방한 인물이다. 그는 예수가 십자가에 못 박힐 때까지의 사건들을 직접 보

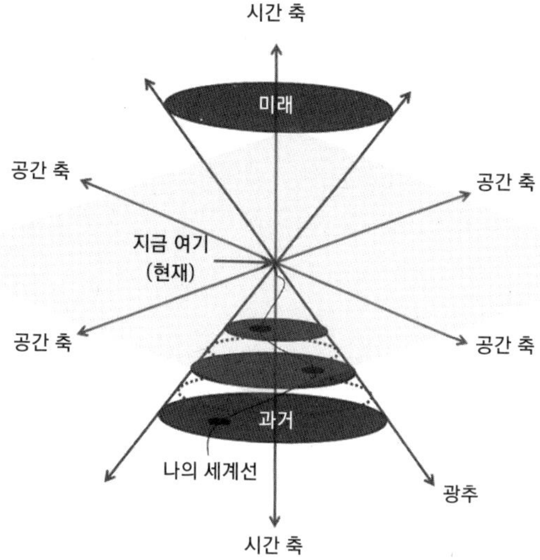

그림 14 민코프스키가 창안한 물리 개념인 '세계선'. 입자, 관측자 또는 작은 물체의 (시간) 역사를 추적하는 시공간 곡선이다. 현대 물리학, 특히 이론물리학 중에서도 상대성이론의 맥락에서 중요하게 자주 언급된다.

기 위해 과거로 돌아가는데 그 과정에서 타임머신이 파괴된다. 막상 도착해보니 성경에서 읽은 예수의 흔적을 아예 찾을 수 없다는 사실에 그는 당혹감에 빠진다. 결국 그는 각지를 방랑하며 성경에서 읽은 이야기들에 관해 사람들에게 질문하기 시작한다. 그 과정에서 그를 추종하는 사람들이 생겨나기 시작하고, 마침내 그는 스스로 자신이 찾던 사람이 되어버렸다는 사실을 깨닫는다. 모든 사건들이 그가 성경에서 읽은 이야기들과 똑같이 진행되면서 결국 그는 몸소 십자가에 못 박혀 죽는 경험을 하게 되고, 역사는 바뀌지 않았다.

고정된 하나의 시간선만이 존재한다는 이런 관점은 가장 흔한 시간여행 소설의 플롯 중 하나인 '할아버지 패러독스grandfather paradox'에 정면으로 딴지를 건다. 이 패러독스의 기본형은 시간여행자가 과거로 돌아가서 아직 자식을 낳기 전인 자기 할아버지를 죽인다면 어떤 일이 일어날지를 묻는다. 할아버지가 자식을 낳지 못한다면 대가 끊기고, 할아버지를 죽인 당사자도 태어나지 않고, 결과적으로 할아버지는 죽지 않는다. 그러나 할아버지가 죽지 않는다면…….

이런 입장에 대한 반론 중 내가 가장 좋아하는 것이 스티븐 킹Stephen King의 장편소설《11/22/63》이다.

"거야 그렇지. 하지만 과거로 돌아가서 자기 할아버지를 죽이면 어떻게 돼?"

그는 당혹한 눈으로 나를 응시했다. "아니 미쳤어? 그런 짓을 왜 해?"

그러나 현실은 이보다 훨씬 산문적이라서, 블록우주 속 당신은 과거로 돌아가서 자기 할아버지를 죽이지 못한다. 왜냐하면 당신은 그러지 않았기 때문이다. 당신이 존재한다는 사실 자체가 시간선 내부에 박제되어 있는 꼴이다. 그러나 과거에 영향을 미치는 것은 가능하다.《이 사람을 보라》의 주인공처럼 당신의 행동이 역사와 상반되지 않는 한은 말이다. 이것은 영화 〈백 투 더 퓨처〉 시리즈 1편에서 주인공인 마티 맥프라이가 한 행동과도 부합된다. 마티는 과거로 돌아가서 자기 부모님이 서로 만나 결혼한 뒤 자기를 낳도록 유도했다. 여기까지는 좋다. 이제 마티가 자기가 왔던 미래로 돌아가면 끝이다. 하지만 영화에서 마티는 과거를 바꿈으로써 미래까지 바꿔버리는데, 영화적으로는 재미있는 엔딩이긴 하지만 시간여행의 과학이라는 관점에서 보면 전혀 논리에 맞지 않는다. (이 문제에 관해서는 뒤에서 더 논하겠다.) 그러나 이 시리즈의 제작자들이 대충 목표했던 것은 L. 스프레이그 디캠프L. Sprague de Camp의 장편 《암흑을 저지하라Lest Darkness Fall》로 대표되는 대체 역사 엔딩이었는지도 모르겠다.

이 이야기의 히어로는(그가 나중에 하는 일을 보면 히어로가 맞다) 우리와 같은 시간대에 있었다가 알 수 없는 이유로 6세기의 이탈리아로 떨어진다. 고고학자였던 그는 자신의 역사 지식을 최대한 활용해 곧 유럽을 뒤덮게 될 이른바 암흑시대•의 도래를 저지하기 위해 고투한다. 이 소설의 시간관은 다음처럼 요약될 수 있다. '역사의 그물'이 전체적으로 매우 강고한 것은 사실이지만 역사의 전환점이 될 수 있는, 변화에 취약한 특정 시점들은 존재한다. 디캠프는 이런 은유를 발전시켜서 주인공의 행동에 의해 생겨난 새로운 역사를 주인공이 미끄러져 떨어진 역사

• 정말로 암흑 같은 시대는 아니었지만, 여기서는 굳이 논하지 않겠다.

라는 나무의 '몸통'에서 새로 뻗어나간 줄기에 비유한다. 따라서 두 줄기로 분기된 시점부터는 두 버전의 역사가 존재한다는 논리다. 그러나 이 소설은 왜 '우리'의 역사가 나무의 몸통에 해당하는지에 대해서는 설명하지 않는다. 그런고로 나무보다는 차라리 여러 개의 가지를 가진 덤불에 비유하는 쪽이 더 적절할지도 모르겠다. 아무튼 역사가 분기한다는 이런 식의 설명이 앞서 말한 여러 패러독스를 해결해주는 것은 사실이다. 무리하게 단일 시간선을 변화시키는 〈백 투 더 퓨처〉와는 다르다.

〈백 투 더 퓨처〉의 모순은 주인공인 마티가 미래로 돌아오기는 하지만 자기가 출발한 미래가 아니라는 점에서 발생한다. 만약 마티가 한 일이 단지 부모를 짝지어주는 것이었다면 그는 처음과 동일한 미래로 돌아왔어야 한다. 그러나 영화에서 그는 과거를 바꿈으로써 미래까지 바꿔버린다. 만약 마티의 부모가 바뀐 미래에서도 마티의 원래 시간선과 똑같은 자식들을 낳는다는 말도 안 되는 설정을 받아들인다면, 미래로 돌아간 마티는 (시간 여행을 했을지도 모르고 안 했을지도 모르는) 또 다른 마티와 마주쳤어야 한다. 그보다 더 그럴듯한 대안은 전혀 다른 형제자매가 마티를 아예 완전한 타인으로 대하는 것이다.

이 영화의 제작자들은 〈백 투 더 퓨처〉 3부작의 2편에서 디캠프가 묘사한 분기한 평행우주와 유사한 개념에 관해 언급함으로써 불완전하게나마 이런 문제들에 대한 해결책을 제공해보려고 시도했다. 그러나 그 과정에서 〈시간의 가지들〉에서 데이비드 대니얼스를 괴롭혔던 것과 똑같은 문제에 직면했다. 관객인 우리가 따라가는 주인공 마티의 세계선은 해피 엔딩을—적어도 3편이 궁금해지는 엔딩을—맞이하지만, 그런 줄거리에서조차도 마티가 방문했던 암울한 대체 현실에서는 모든 일이 똑같이 계속된다. 결국 마티는 다른 시간 경로로 옮겨 탄 것에 불과했다.

이런 오락 영화의 플롯에서 발생하는 이런저런 논리적 모순은 덮고 넘어가거나 그냥 무시당하기 일쑤이지만, 사고실험처럼 단순하면서도 가상적인 상황을 제시하는 경우에는 진심으로 해결책을 찾아보는 수밖에 없다. 이를테면 시간여행자가 윌리엄 셰익스피어의 희곡 전집인 〈퍼스트 폴리오First Folio〉를 가지고 과거로 돌아가서 윌이라는 이름의 극작가 지망생에게 그것을 넘기고, 윌은 그것을 베껴서 명성을 얻었다고 가정해보자. 이럴 경우 희곡들은—〈퍼스트 폴리오〉에 포함된 정보는—도대체 어디서 온 것일까? 우리가 단 하나의 블록우주에서 살고 있다면 이것은 실로 중차대한 문제라고 할 수 있겠지만, 세계선이 계속 분기하는 우주라든지 평행 현실들로 이뤄진 멀티버스—나는 멀티버스 개념 쪽이 실제 상황에 가장 가깝다고 생각한다—에 살고 있다면 사소한 문제에 불과하다. 어떤 시간선에서 셰익스피어는 실제로 이 모든 희곡을 썼고, 그 결과 앞서 말한 시간여행자는

〈퍼스트 폴리오〉를 입수할 수 있었다. 그러나 그 시간여행자가 과거로 돌아갈 경우 그는 옆으로도 이동하고, 그 결과 자신의 세계선이 아닌 대체 현실에 도착하게 된다. 거기서 그는 셰익스피어의 다른 버전을 만나 책을 건넨다. 패러독스는 발생하지 않는다! 여기서 중요한 것은 모든 시간여행에는 소위 직선적인 시간 이동뿐만 아니라 옆으로의 시간 이동이 수반된다는 점이다.• 자기모순이 없는 시간 고리를 따라 시간을 이동하는 경우는 예외겠지만 말이다.

그런 시간 고리 개념을 소설에서 가장 훌륭하게 구현한 SF 작가는 로버트 A. 하인라인이다. 특히 중편 〈자기 구두끈을 당겨서By His Bootstraps〉와 단편 〈너희 모든 좀비는…〉이 유명한데, 첫 번째 중편은 《어스타운딩》 1941년 10월 호에 앤슨 맥도널드Anson MacDonald라는 필명으로 실렸다. 앤슨은 하인라인의 미들네임인데, 당시 엄청나게 다작을 하던 하인라인은 종종 작품 일부를 필명으로 발표했다. 심지어 같은 호에 본명으로 낸 중편이 하나 더

• 〈백 투 더 퓨처〉 3부작에서 타임머신을 발명한 괴짜 에메트 박사의 모델이기도 한 괴짜 물리학자 잭 사패티는 이렇게 말한 적이 있다. "우리가 시간여행의 패러독스라고 알려진 것들을 회피할 수 있는 것은 무수히 많은 평행우주가 존재하기 때문이다. 시간여행을 마치고 귀환길에 오른 시간여행자는 아마 그가 출발한 우주와는 다르지만 아주 비슷한 우주에 도착할 것이다. 대개 그런 우주와 원래 우주의 차이는 지극히 미묘해서, 뛰어난 관찰력을 가진 시간여행자가 아니라면 자기가 아예 다른 우주로 귀환했다는 사실조차 깨닫지 못할 수도 있다." 밥 토븐의 《우주시간과 그 너머에 있는 것(Space-Time and Beyond)》 참조.

실려 있을 정도다.

〈자기 구두끈을 당겨서〉의 주인공인 봅은 불가사의한 이유로 방 안에 출현한 원 모양의 시간의 문을 통과해서 미래로 간다. 그곳에서 봅은 백발의 노인을 만나는데, 노인은 봅이 3만 년 후의 미래에 와 있음을 고한다. 노인의 설명에 의하면 시간의 문은 지금은 떠나고 없는 외계 종족이 남기고 간 것이며(이런 교묘한 설정 덕에 하인라인은 시간의 문이 어떻게 작동하는지 일일이 설명할 필요가 없었다) 인류는 이 외계 종족에 의해 극히 온순한 종족으로 길들여졌으므로 봅 같은 사내도 남성 우월주의적인 미래 세상에서 미녀 노예들을 부리며 왕처럼 살 수 있다고 설명한다. 결국 봅은 이 문을 이용해서 이 백발의 은인을 만난 시점 이전의 미래로 가는데, 시간의 문 옆에서 발견한 공책에 적혀 있던 미래어 사전을 활용해서 노예들과 의사소통을 하며 지배자의 지위를 확립한다. 그로부터 몇십 년 후 머리가 하얗게 센 노인이 된 봅은 시간의 문을 이용해서 과거의 자신을 훔쳐보고, 그를 미래로 오게 만든 일련의 사건들을 다시금 촉발한다. 이 중편은 시간 고리를 다룬 소설의 결정판이라고 할 수 있을 정도로 완성도가 높지만, 거장 하인라인조차도 패러독스를 완전히 피해가지는 못했다. 미래에서 몇십 년을 지내다가 사전으로 쓰던 공책이 낡아 해진 것을 깨달은 봅은 새로운 공책에 그 내용을 옮겨 적는데, 이 새로운 공책이야말로 과거에 그가 발견한 '오리지널' 공책임이 판명된다.

패러독스에 해당하는 것은 바로 이 대목이다. 이것이 사실이라면 공책에 적힌 정보가 어디서 왔는지 설명할 수 없기 때문이다. 처음에 이 사전을 집필한 사람은 도대체 누구란 말인가? 따라서 우리는 앞서 말한 단일 우주 시나리오에서 발생한 〈퍼스트 폴리오〉와 셰익스피어의 패러독스에 또 직면하게 된다. 결국 하인라인의 이 작품도 완벽한 시간 고리 소설은 아니었다는 이야기다. 그러나 후속작인 〈너희 모든 좀비는…〉에서 비슷한 논리적 결함을 찾는 것은 쉽지 않다.

이 단편은 《판타지 앤드 사이언스 픽션Fantasy and Science Fiction》 1959년 5월 호에 처음 실렸는데, (하인라인에 따르면) 《플레이보이Playboy》로 보냈다가 퇴짜를 맞은 작품이라고 한다. 이 단편에서 제시되는 여러 겹으로 맞물린 시간 고리들의 상호 관계는 이 책에서 논하기에는 너무 복잡하지만 요약하자면 다음과 같다. (안 읽어본 독자들에게는 읽어볼 것을 강력히 추천한다.) 고아원 출신의 젊은 여성이 어떤 남자의 유혹에 넘어가서 아이를 낳는다. 그런데 고된 출산 과정에서 '그녀'가 실은 남성과 여성의 생식기를 모두 가지고 있다는 사실이 밝혀진다. 출산으로 여성 생식기가 손상된 '그녀'는 젊은 남성으로 재조정(옳은 용어인지는 모르겠지만)된다.

갓난아이는 태어난 지 4주 뒤 누군가에게 유괴당해서 다시는 어머니를 만나지 못한다. '그'가 된 엄마는 어떤 시간여행자와 친구가 된다. 시간여행자는 과거에 '그녀'를 유혹한 인물에게 복수하고 싶어하는 '그'를 과거의 해당 시점으로 데리고 가지만, 유혹자의 정체는 다름아닌 청년 자신이었다. 시간여행자는 다시 미래로 가서 태어난 지 4주 된 시점의 갓난아이를 유괴하고, 아기가 태어나기 19년 전으로 돌아가서 고아원에 갓난아이를 맡긴다. 시간여행자는 과거로 데려간 '그'—자기 자신의 어머니이자 아버지이기도 한 인물—에게 다시 가서 그를 스카우트하고, 그가 훈련을 받을 수 있도록 시간 관리국으로 데려간다. 이 이야기의 마지막 반전은 시간여행자가 청년의 미래 버전이었다는 점이다. 이 이야기의 주요 등장인물들은 모두 같은 사람이었던 것이다! 이야기는 시간여행자의 독백으로 끝난다. "나는 내가 어디서 왔는지 알아. 하지만 **너희 모든 좀비는 다 어디서 왔지?**"

〈너희 모든 좀비는…〉은 내가 읽어본 시간여행 소설 중에서 가장 완벽에 가까운 작품이다. 그러나 이 단편은 여전히 허구이고, 진짜 과학을 포함하고 있지는 않다. 그러나 진짜 과학을 동원해서 하인라인의 이 단편에 등장하는 비혼모가 겪는 것과 흡사한 상황들을 묘사하는 것은 불가능하지 않다. 물리학자들은 인간을 연구 대상으로 삼는 것을 좋아하지 않는데, 인간은 독립된 마음을 가지고 있어 어떤 행동을 할지 예측하기 힘들기 때문이다. 〈너희 모든 좀비는…〉의 남성 주인공이 마음을 바꿔 젊은 여성이었을 때의 자신을 유혹하지 않는 상황을 상상해보라. 바로 그런 이유에서 물리학자들은 완벽한 구球 같은 무생물을 연

"그 무엇도 잘못될 수는 없어. 왜냐하면 그 무엇도 잘못된 적이 없기 때문이야… 아니, 이 경우는 '그 무엇도 잘못되지는 않을 것이기 때문이야'라고 해야 하나. 그게 아니라면…… 결국 나는 정확한 표현을 찾으려는 노력을 포기했다. 만에 하나 시간여행이 널리 보급된다면, 영문법은 시간여행으로 인해 발생할 수 있는 재귀적인 상황을 묘사하기 위해 완전히 새로운 한 무더기의 시제들을 만들어내야 할 것이다. 프랑스어의 문어체에서 쓰이는 시제들이나 라틴어의 과거 시제 따위가 단순해 보일 정도로 복잡다단한 동사 활용법을 말이다.

— 로버트 A. 하인라인, 《여름으로 가는 문The Door Into Summer》

구하는 쪽을 선호하고, 할아버지 패러독스를 해결하기 위해 인간이 아닌 당구공들이 움직이는 시간 고리를 고안해냈다. 그럴 경우 양자물리학의 법칙들을 동원하면 패러독스를 해결할 수 있기 때문이다.

내가 〈6단계: 초보자를 위한 시간 터널링〉에서 묘사한 시간 터널을 떠올려보라. 이 터널의 두 입구는 가까이 있다. 킵 손과 덴마크로 이주한 러시아 출신 우주론자 이고르 노비코프Igor Novikov를 필두로 하는 과학자 연구팀 '컨소시엄The Corsortium'은 그런 터널로 낙하하는 물체를 기술하는 방정식을 자세히 연구했다.

이 시간 터널의 두 입구인 A와 B가 공간뿐만 아니라 시간적으로도 가깝게 위치해 있고, 시차도 매우 작다고 가정하자. 그럴 경우 A 입구로 정확하게 당구공을 쏘아 넣으면 그 당구공은 (A 입구보다 과거에 위치한) B 입구에서 튀어나올 것이다. A 입구로 당구공이 들어가기 전에 말이다. 그리고 B 입구에서 튀어나온 이 당구공이 두 입구 사이의 공간을 가로질러 A 입구로 들어가기 직전의 자기 자신과 충돌하도록 미리 발사 타이밍을 조절했다면, 처음 당구공은 결국 목적하던 A 입구로 들어가지 못하고 옆으로 튕겨 나간다. 그러면 이 당구공은 시간 터널을 이용하지 못하므로 당연히 자기 자신과의 충돌은 일어나지 않고, 따라서 처음 당구공은 A 입구로 들어가는 데 성공하지만 B 입구에서 갑자기 튀어나온 당구공이…… 이런 식이다. 이 묘사는 할아버지 패러독스의 시간 터널판이다. 손의 연구팀은 이것을 시간여행 문제에 대한 자기모순적인 해결책이라고 불렀고, 우주는 절대 그런 식으로 작용할 수 없으므로 이런 해결책은 우주에 의해 거부될 수밖에 없다고 주장했다.

그들이 이런 식의 자기모순적 해결책을 이토록 자신 있게 부인하는 이유는 시간 터널과 관련된 모든 방정식에는 적어도 하나의 또 다른 해가 존재하며, 그 해는 똑같은 초기 조건에서 시작되지만 모순이 없는 자기정합적인 묘사로 이어진다는 사실을 확인했기 때문이다. 바로 이런 이유에서 '컨소시엄'은 시간여행에서 발생하는 문제에 대해 자기모순이 없는 해결책만을 받아들이고 다른 해결책들은 무시한다.

자기정합적인 해결책의 예를 하나 들자면, 시간 터널로 접근하던 당구공이 터널 입구에서 갑자기 튀어나온 똑같은 당구공과 비스듬히 충돌함으로써 다른 쪽 입구로 들어가버리는 경우다. 시간 터널로 들어간 처음 당구공은 과거로 거슬러 올라가서 다른 쪽 입구에서 튀어나온 다음, 시간 터널로 접근해 오는 자기 자신의 예전 버전과 충돌하고, 그것을 터널 입구로 때려 넣음으로써 하인라인의 〈너희 모든 좀비는…〉을 방불케 하는 시간의 고리를 완성시킨다. 손과 나비코프를 필두로 하는 연구팀은 당구공을 동원하는 이런 종류의 사고실험에서는 적어도 한 가지의 자기정합적인 해결책이 존재할 뿐만 아니라, 유사한 상황을 상정하는 경우에도 무수히 많은 자기정합적 해결책이 존재한다는 사실을 발견했다.

예를 들어 시간 터널의 양쪽 입구를 잇는 직선을 따라 이동 중인 당구공이 있다고 하자. 아니, 정말로 그럴까? 만약 중간 지점에 도달한 당구공이, 고정된 터널의 입구에서 갑자기 빠른 속도로 튀어나온 다른 당구공에 맞는다면? 충격으로 튕겨 나간 '원래'의 당구공은 시간 터널을 통과함으로써 '두 번째' 당구공이 되지만, 입구에서 튀어나온 당구공 역시 비스듬히 튕겨 나가면서 처음 당구공이 이동하던 예의 직선 경로 또는 궤적을 정확하게 따라간다면 어떻게 될까? 멀리서 이 광경을 관측하는 사람에게는, 그냥 공 한 개가 두 개의 입구 사이를 이동하고 있는 것처럼 보일 것이다. 우리는 이런 식의 단일 경로뿐만 아니라 비슷한 패턴으로 시간 터널 주위를 누비는 두 개, 세 개, 또는 그 이상의 경로들을 상정할 수도 있으며, 손의 '컨소시엄'은 그 궤적을 계산할 수 있었다. 멀리서 보면 그냥 한 개의 당구공이 쭉쭉 이동하는 것으로밖에는 보이지 않겠지만 말이다. 따라서 당구공의 움직임을 모순 없이 묘사하는 방법은 하나가 아니라 여럿 있는 듯해 보인다.

이 모든 과정은 양자 수준에서 우주가 작용하는 방식을 연상케 한다. 슈뢰딩거의 고양이 예와 마찬가지로 여기에도 여러 개의 현실이 관여하고 있다. 당구공은 시간 터널에 접근하기 전에는 완벽하게 정상적으로 움직이는 것처럼 보이지만, 터널에 가까이 다가가면 서로 다른 여러 방식으로 시간 터널계와 상호작용하며 중첩된 여러 상태들을 형성했다가, 다른 쪽으로 튀어나온 뒤에는 또다시 완벽하게 정상적인 방식으로 움직인다. 양자물리학자들이 이런 복수의 현실을 어떻게 받아들여야 하는지에 대해 일찌감치 해답을 내놓지 않았다면 손이 동일 문제에 대한 자기정합적 해결책의 '과잉'이라고 표현했던 상황은 큰 골칫거리가 되었을지도 모른다.

양자물리학자들이 이 문제를 해결하기 위해 쓰는 수법은 '모든 이력의 합sum over histories' 접근법 또는 경로적분徑路積分이라고 불리며, 1940년대에 리처드 파인먼Richard Feynman에 의해 처음으로 고안되었다. 아이작 뉴턴으로 대표되는 고전 물리학에서 입자(당구공)는 유일한 세계선이라는 뚜렷한 경로를 따라 움직이는 것으로 간주되며, 이 세계선은 '이력history'이라고 불린다. 그러나 앞서 언급했듯이 양자역학은 확률만을 취급하며, 문제의 입자가 한 지점에서 다른 지점으로 이동할 확률이 얼마인지를 지극히 정확하게 우리에게 알려준다.

그러나 시간 터널을 통과하는 경우처럼 한 입자가 한 지점에서 다른 지점으로 '어떻게' 이동하는지는 그것과 완전히 다른 문제다. 입자가 어딘가에서 출현할 확률은 출발점과 도착점 사이에 존재할 수 있는 모든 경로의 확률을 더하는 방법을 통해 실제로 계산이 가능하지만, 그 입자가 이동 과정에서 정확히 어디 있는지를 알려주지는 않는다. 마치 문제의 입자가 자기가 선택할 수 있는 모든 경로들을 (모든 양자적 현실들을) 알고 있으며, 그것을 바탕으로 자기가 어디로 가는지를 결정하기라도 하는 것처럼 말이다. 입자가 택할 수 있는 각각의 경로 또는 궤적은 앞서 언급했듯이 '이력'이라고 불리므로, '모든 이력의 합'이란 입자가 선택할 수 있는 각 궤도의 확률을 합산함으로써 입자의 행동을 계산하는 수법을 의미한다.

이런 식의 설명은 통상적으로 원자나 아원자 등의 양자 수준에만 적용되는 것으로 여겨진다. 우리가 살아가는 일상에 미치는 영향은 극히 미미하므로, 진짜 당구공들은 어떻게 굴러가든 고전적인 궤적을 따라 움직이는 것처럼 행동한다. 그러나 통과 가능한 시간 터널의 존재는 터널 양쪽 입구 사이의 시공간 영역에 새로운 종류의 불확정성을 만들어냄으로써 훨씬 더 큰 척도의 시공간에도 영향을 미친다. 킵 손의 연구팀은 이런 새로운 상황에서도 경로적분을 쓰면 터널을 통과하는 당구공들의 움직임에 관련된 문제를 완벽하게 기술할 수 있다는 사실을 알아냈다.

만약 멀리서 시간 터널을 향해 접근하는 첫 번째 당구공의 상태를 기술할 작정이라면, 경로적분은 CTL에 해당하는 영역은 건드리지 않고 문제의 당구공이 터널을 통과한 뒤 언제 어디서 출현할지를 확률 집합의 형태로 알려준다. 경로적분은 당구공이 어떻게 한 지점에서 다른 지점으로 이동하는지를 설명해주지는 않는다. 양자역학이 원자 내부의 전자 움직임이나 광자의 터널링에 대해 설명해주지 않는 것과 마찬가지로 말이다. 그러나 경로적분은 문제의 당구공이 시간 터널과 접촉한 후 특정 방향의 특정 장소에서 나타날 확률이 얼마인지를 정확하게 알려준다.

게다가 하나의 고전적 경로를 따라 움직이기 시작한 당구공이 다른 고전적 경로를 따라 움직일 확률은 0이다. 멀리 있는 관찰자는 자기 자신과 충돌한 당구공이 다른 곳으로 튕겨나가는 광경을 보지 못하고, 아주 가까이서 관찰하지 않는 한 뭔가 이상한 일이 일어나고 있다는 사실조차도 깨닫지 못한다.

킵 손이 말했듯이, "이런 맥락에서 보면 당구공은 실험을 할 때마다 단 하나의 고전적인 해결책을 따르는 것을 '선택'하고, 그것이 개개의 해결책을 따를 확률은 개별적으로 예측된다."• 그리고 여기에는 보너스가 하나 따라붙는다. 엄밀하게 말하자면, '경로적분' 접근법에서도 자기모순적인 해결책들은 무시되지 않는다. 따라서 자기모순적인 해결책들은 모든 확률을 합칠 때도 여전히 그 일부로서 존재하지만, 전체의 합에서 차지하는 비율이 워낙 미미한 탓에 실험 결과에 실질적으로 영향을 미치지 못한다는 뜻이다.

이 모든 현상에는 지극히 기묘한 특징이 하나 더 있다. 당구공은 자신이 따라갈 수 있는 존재 가능한 모든 경로—모든 미래 이력—들을 어떤 식으로든 '알고' 있으므로, 해당 세계선상에서 당구공이 보이는 행동은 어느 정도 당구공이 미래에 이용할 수 있는 경로들의 존재에 의존한다. 시간 터널이 있을 경우 당구공은 여러 개의 다양한 경로를 따라 움직일 수 있는데 비해, 터널이 아예 없는 경우의 경로 수는 훨씬 적다. 바꿔 말해서 당구공은 시간 터널의 유무에 따라 다르게 행동한다. 그런 사실이 실제 현실에 미치는 영향을 측정하는 것은 극히 어렵지만, 킵 손에 의하면 그런 타임머신을 제작하려는 시도가 있기 전이라도 일련의 실험을 통해 당구공들이 보이는 행동을 측정하는 것은 원칙적으

• 캘리포니아공과대학교 미출간 GRP-251번.

로 가능하다고 한다.

그렇게 해서 얻은 결과를 외삽하면, CTL이 개재된 시간 터널의 건조가 미래에 실제로 성공할지를 예측할 수 있다. 그렇다면 실제로 시간여행을 하지 않아도 실험만으로도 시간여행의 실현 가능성을 판단할 수 있다는 이야기인데, 손은 이것이 '타임머신의 양자역학에서 볼 수 있는 상당히 일반적인 특징'이라고 평했다.

'컨소시엄'의 연구 성과를 요약하면서 킵 손은 타임머신이 존재할 때 물리법칙들이 보이는 반응은 "물리학자들이 큰 지장 없이 연구를 계속할 수 있을 정도로는 양식적良識的"이라고 평했다. 타임머신 자체는 우주에 대해 "대다수의 물리학자들이 불쾌하게 여길 특징들"을 부여하는 것 같지만 말이다. 하여튼 물리법칙에 의하면 타임머신을 건조하는 것은 가능하고, 인과관계를 위배하지 않고 시간여행을 하는 것도 가능하다. 나는 1989년에 서식스대학교에서 열린 노비코프의 강연에 간 적이 있는데, 그 자리에서 노비코프가 한 말을 지금도 뚜렷하게 기억한다. "만약 어떤 문제에 대해 자기모순적인 해법뿐만 아니라 자기정합적인 해법이 있다면, 자연은 자기정합성 쪽을 택할 것이다."

이제 시간여행에 관한 이야기도 거의 끝났다. 하지만 마무리를 짓기 전에 멀티버스의 존재가 시사하는 기이하기 짝이 없는 가능성에 관해 언급하고 싶다.

1985년에 발표한 과학 논문에서 데이비드 도이치는 말했다.

" 저명하지만 나이를 먹은 어떤 과학자가 무엇이 가능하다고 언명한다면 그의 말은 십중팔구 옳다. 그러나 그가 무엇이 불가능하다고 단언한다면 틀렸을 가능성이 아주 높다.

— 아서 C. 클라크

"물리법칙을 위배하지 않는 모든 소설은 사실이다."• 2011년에 도이치는 《무한함의 시작The Beginning of Infinity》에서 조금 다른 표현으로 이 주장을 되풀이했다. "수많은 소설들이…… 멀티버스에서 실제로 일어난 사건을 밀접하게 반영하고 있다." 내가 굳이 되풀이해서 강조하는 이유는, 도이치는 글자 그대로 진심으로 그렇게 말하고 있기 때문이다. 양자 스냅숏이나 타임캡슐들로 이뤄진 멀티버스에서는, 예를 들어 제인 오스틴의 소설이라든지 이언 랜킨의 '존 리버스 시리즈' 같은 미스터리는 각각 우리의 세계와 인접한 평행 현실에서 실제로 일어난 일들에 관해 이야기하고 있다. 그러나 《반지의 제왕The Lord of the Rings》이라든지 테리 프래쳇Terry Pratchett의 '디스크월드Discworld' 시리즈 같은 환상 소설들의 경우는 그렇지 않다. 그리고 어딘가에서는—아마 무한하게 있는 어딘가들 중 하나에서는—시간의 본질에 관한 책을 쓰고 있는 누군가에 관한 소설을 쓰고 있는 작가가 있을지도 모른다. 《거울 나라의 앨리스Through the

• 〈양자론, 처치-튜링 원리 및 범용 양자컴퓨터(Quantum theory, the Church-Turing principle and the universal quantum computer)〉, 《영국왕립학회회보》, 제400권, pp. 97-117, 1985년.

Looking Glass》에서 앨리스가 한 말이 떠오르는 대목이다. "물론 **그는 내 꿈의 일부였어. 하지만 나도 그의 꿈의 일부였다고!**"

정말로 마무리를 지을 때가 되었다.

"세상에, 그 얘길 들으니 내가 옛날…… 아니, 앞날이라고 해야 하나. 시간여행의 문제는 바로 그거야. 제대로 기억을 할 수 없다니까.

— 4대 닥터, 닥터 후Doctor Who,

〈타라의 안드로이드The Androids of Tara〉

에필로그

뒤돌아보지 말라

이 단편은 시간여행 패러독스를 내 나름대로 해석한 결과물이며, 《인터존Interzone》 1990년 10월 호에 처음 실린 후 내가 낸 같은 제목의 작품집에도 실렸다. 이 이야기는 물론 우리의 현실과는 다른 평행우주에서 시작된다.

모든 것은 오디오 큐브에서 시작되었다. 리치 제프리스는—그의 출생증명서에 적힌 이름은 '리처드'였지만, 그가 여덟 살 때 혜성처럼 등장한 비틀즈의 드러머의 애칭을 따라• '리치'라고 부르는 것이 자연스러웠던 세대였다—개발자들이 이 빌어먹을 물건을 제품화할 때까지 무려 20년이나 목을 빼고 기다렸다. 음악 CD도 물론 나쁘지 않았지만, 사이즈가 커서 거추장스러운 데다가 너무 쉽게 손상되었다. 그런 연유로 오디오 큐브는 적어도 진지한 음악 애호가에게는 완벽한 저장 매체였다. 디

• 링고 스타의 본명은 리처드 스타키이며, 별명은 '리치'였다—옮긴이 주.

지털 리마스터링된 비틀즈의 모든 오리지널 곡들을 각설탕 크기의 입방체에 저장해놓을 수 있으니 더 이상 무엇을 바라겠는가. 물론 최신 음악도 들을 만은 했다. 그러나 활력에 찬 초창기의 로큰롤에 비교할 수는 물론 없는 데다가, 디지털 재처리로 애비로드 스튜디오 안에서 바늘이 떨어지는 소리조차도 들릴 정도의 음질을 얻을 수 있는 마당에 굳이 최신 음악을 찾아 들을 생각은 나지 않았다. 현재 살아 있는 유일한 비틀즈 멤버 조지 해리슨에 의하면, 재처리한 최신판 앨범들로는 1960년대 당시 녹음 스튜디오에서 아날로그 테이프를 재생해봤을 때는 아예 들리지도 않았던 음들도 들을 수 있다고 한다. 명왕성의 위성 카론을 촬영한 사진들의 화질을 향상시킨 것과 동일한 컴퓨터 데이터 처리 기술을 실생활에 처음으로 응용한 바람직한 예라고나 할까. 리치 입장에서는 이것이야말로 우주 탐사 계획의 가장 큰 수확이었다.

물론 우주 탐험은 지난 세기에나 유행했던 과거의 유물이다. 이제 첨단 과학기술은 시간 탐사 중심으로 돌아가고 있었고, 리치도 이 분야 통신 엔지니어로 일하고 있었다. 근무 시간도 적당하고 보수도 괜찮은 데다가, 관료주의적인 조직 문화만 견딜 수 있다면 취미를 즐길 여유도 충분히 있는 좋은 직장이었다. 그러나 리치는 이미 정년을 바라보는 쉰세 살의 나이라서, 퇴직 후에는 남아돌 게 뻔한 시간을 어떻게 할지 고민하고 있었다. 그는 열의를 가지고 몰두할 수 있는 프로젝트가 필요했다. 음향에 관련된 프로젝트, 이를테면 비틀즈 테이프의 리마스터링 같은 작업을 할 수 있다면 금상첨화일 것이다. 그러나 웬만한 레이블들은 모두 일본 통신 기업들의 산하에 들어가 있는 판에, 리치 같은 프리랜서 기술자가 그런 귀중한 소재를 도대체 어디서 얻을 수 있단 말인가?

문제의 일부는 '귀중한 소재'라는 표현에 대한 리치 본인의 협소한 정의에서 비롯되었다고 할 수도 있었다. 비틀즈를 제외하면, 그가 기술자로서 자신의 능력을 쏟아부을 가치가 있다고 생각할 정도로 높이 평가하는 아티스트는 엘비스와 버디 홀리, 브루스 스프링스틴 딱 세 명뿐이었기 때문이다. 그리고 이 세 명 중에서 레논과 실제로 함께 공동 작업을 했던 아티스트는 버디 홀리가 유일했다. 1970년대 말 레논이 낸 〈더블 다이아몬드〉 컴백 앨범이 그 결과물이다. 전설처럼 전해 내려오는 일화에 의하면, 어디선가 기타를 등에 멘 홀리가 나타나서는 레논이 살고 있던 뉴욕 다코타 빌딩에 방문해서 은둔 생활을 하고 있던 레논을 실질적으로 끌고 나왔다고 한다. 1981년에 그들이 세계 투어에 나섰을 때 리치는 미국에서 열린 이들의 공연을 세 번 관람하는 것에 만족하지 않고 기어이 런던까지 따라가서 웸블리 스타디움의 공연까지 보고 왔다. 홀리, 레논, 드러머 제리 앨리슨, 베이시스트 클라우스 부어맨. 로큰롤 시대 최고의 공연이었다. 다른 멤버들이 무대에 합류하기 전부터 말이다. 그 이후 1990년대까지 계속

된 레논과 홀리의 공동 작곡 작업은 레논의 거친 감수성을 홀리의 부드러운 접근법이 완화시키는 최상의 결과로 이어졌고, 레논이 매카트니와 함께 만들었던 초기 곡들의 완성도조차도 능가한다는 평가를 받았다. '홀리-레논'이라는 앨범 크레딧은 이 세상의 그 어떤 작곡팀도 따라갈 수 없는 히트 앨범의 원천이었다.

그러나 그들도 이제는 우리 곁을 떠났고, 그런 예술적인 협업을 다시 볼 수 있는 기회는 영영 찾아오지 않을 것이다. 1978년 이후에 발표된 창작물들의 판권은 비틀즈의 경우와 마찬가지로 이런저런 법 조항에 얽매여 있었다. 어차피 리마스터링 작업은 라이프치히에 있는 대형 스튜디오들에서 이미 완료된 상태였다. 게다가 후기의 곡들은 리치의 기준에서 보면 너무 세련된 탓에 건드릴 생각이 나지 않았다. 그가 정말로 원하는 것은—그에게 정말로 필요한 것은 — 도전이었다. 뭔가 더 오래된 곡들을 발굴할 수만 있다면 얼마나 좋을까. 1950년대에 녹음되었다가 분실된 테이프라든지. 그런 것이 있으면 진짜 도전할 마음이 생길 텐데.

리치는 나른한 상태에서 현대의 첨단 기술로 어떤 시기의 음악을 재현하면 좋을지 생각해봤다. 하나 콕 집어 말할 수 있다. 1959년, 버디 홀리가 처음 솔로 활동을 시작한 해다. 자신의 밴드인 크리켓츠와 처음으로 결별한 후 재결성하기 직전까지의 시기에 해당한다. 당시 홀리는 여러 아티스트들과 함께 미네소타와

위스콘신과 아이오와를 순회하는 '윈터 댄스 파티 투어'에 참가했는데, 거기서 그는 장르를 가리지 않고 온갖 노래를 불렀고, 디온 디무치의 밴드에서 드럼을 연주하기까지 했다. 그런 공연 중 하나를 누군가가 테이프에 녹음해서 50년 뒤에 열어볼 수 있도록 타임캡슐에 넣어두었다면 딱 지금쯤 열어볼 수 있을 텐데.

제어반 앞에서 반쯤 눈을 감고 늘어져 있던 리치는 벌떡 몸을 일으켜 앉았다. 졸음기는 온데간데없었고, 완전히 각성한 상태였다. **만약에 내가**……

리치는 몸을 기울이고 패드에 손을 갖다 대며 말했다. "제프리스 로그아웃. 몸이 안 좋아서 조퇴하겠네. 내일 출근하는 데 지장 없게 일찍 자둬야겠어."

집으로 돌아간 그는 존 골드로젠이 쓴《버디 홀리의 생애와 시대》에 기록되어 있는 날짜를 확인했다. 홀리가 1997년 61세의 젊은 나이에 비극적으로 요절한 뒤 출간된 이 기념판 전기는 로큰롤 초창기의 역사를 다룬 최상의 자료였고, 홀리가 불후의 명성을 얻기 전에 밴드 동료로 함께 활동했던 니키 설리번에서부터 1990년대에 데뷔한 후배 밴드 하트비트에 이르는 모든 관계자들의 인터뷰를 집약한, 애틋한 팬심의 산물이라고 할 만한 역작이었다. 버디 홀리가 1957년에서 1997년 사이에 거의 모든 음악계의 중진들과 함께 공연하거나 그들을 위한 곡을 썼다는 사실을 감안하면, 전기 작가인 골드로젠이 사전 연구를 위해 무려

8만 킬로미터가 넘는 거리를 여행하며 자료를 모으고, 3년이나 걸려 이 책을 탈고했다는 사실도 그리 놀랄 만한 일은 아닐지도 모른다. 그러나 50만 단어에 육박하는 분량을 자랑하는 이 책의 데이터베이스에서 지금 리치가 관심이 있는 부분은 2,000단어 정도에 불과했다.

홀리는 1959년 2월 3일 미네소타 무어헤드에서 공연을 마치고 투어에서 이탈했다. 두 번의 공연에서 노래에 악영향을 줬을 정도로 심한 코감기에 걸린 탓이었다. 항공편으로 뉴욕에 돌아간 그는 봄이 될 때까지 대중 앞에서 자취를 감췄고, 봄이 되자 크리켓츠 해산 후 처음으로 솔로 앨범 〈진정한 사랑의 길True Love Ways〉을 들고 나타나서 밀리언셀러의 주인공이 되었다. 따라서 무어헤드는 논외였다. 코감기에 걸린 버디 홀리의 노래를 테이프에 녹음할 생각은 들지 않았기 때문이다. 그러나 그 전날인 2월 2일 밤 아이오와 클리어레이크에서 했던 홀리의 공연은 (날씨를 제외하면) 아주 순조로웠고, 몇 주 동안의 순회공연을 경험한 홀리의 음악적 감성도 최고조에 달해 있었다. 그럼 이 날을 목표로 삼자. 리치는 결심했다. 충분히 따뜻한 복장을 하고 갈 필요가 있다. 골드로젠의 책에 전날 밤 밴드가 탄 버스가 눈길에서 고장으로 멈춰 섰을 때 홀리의 드러머였던 찰리 번치가 동상을 입었다는 대목이 있었으니까 말이다.

가져갈 녹음기를 고르려다가 약간의 문제가 발생했다. 리치에게는 골동품 녹음기가 몇 개 있었지만 1959년에도 어울리는 것은 없었기 때문이다. 게다가 1950년대의 테이프 녹음기는 기능이 너무 제한적이었다. 결국 1965년산 독일제 우허 녹음기를 쓰기로 했다. 음향 기기의 전문가가 아닌 이상, 이걸 보고 1959년의 최신형 녹음기보다 살짝 더 신식이라는 사실을 알아차리는 사람은 없을 것이다. 게다가 지독하게 추운 금요일 밤 아이오와 클리어레이크에서 열린 로큰롤 공연에 그런 전문가가 대체 몇 명이나 오겠는가? 소니에서 나온 큐빅 녹음기를 호주머니에 슬쩍 넣어 가고 싶은 유혹은 참기 어려울 정도였지만, 리치는 시대착오 예방 규칙을 작성한 사람들을 존중했다. 과거로 돌아가서 몰래 녹음했다는 사실이 들통난다면 기껏해야 예정보다 조금 일찍 퇴직하는 정도로 끝날 것이다. 그러나 과거 세계에 시대착오적인 물건을 가지고 갔다는 사실이 발각된다면 연방법에 저촉되는 중대 범죄로 단죄당할 것이 뻔하다.

복장은 문제가 되지 않았다. 프로젝트 자료실에서 그 시대에 어울리는 옷들을 꺼내오면 그만이니까 말이다. 단지 '비스트'와 5분만 혼자 있을 시간을 확보하면 된다. 통신 기술자인 리치에게 이것은 그리 어려운 일이 아니었다. 모니터 임무를 맡을 예정인 직원들 전원에게 잠깐 다른 곳에 가 있으라는 오버라이딩 명령을 보내도 중앙 연산기 말고 누가 그걸 알아차리겠는가? 게다가 중앙 연산기도 조금만 손을 보면 명령을 보내기도 전에 그 사실을 망각할 것이다. '비스트' 시스템을 이용한 시간 '트립' 자체는 리치가 사는 우주의 실제 시간 경과와는 무관한 형태로 이루어지기 때문에 리치는 단지 원격 조작 모드를 설정하고 '빔'을 가로질러 반대편으로 걸어 나가기만 하면 된다. 다만 리치의 주관적 시간으로 이 빔을 통과하려면 다섯 시간이 걸리고, 그동안 그에게는 전설적인 '사라진' 콘서트 중 하나를 녹음할 기회가 주어진다. 배터리로 작동하는 원시적인 녹음기에 끼운, 고색창연한 아날로그 오픈릴 테이프를 써서 말이다. 그런 다음에는 녹음된 음악을 디지털 처리해서 큐브에 복사하고, 그다음에는…… 아, 물론 타인에게 그걸 들려줄 수는 없는 일이다. 그렇지 않은가?

염병할, 언젠가는 그 선조차도 넘는 날이 올지도 모르겠다. 하여튼 지금은 버디 홀리의 연주를 녹음할 수 있을 뿐만 아니라 다시 한번 직접 그를 보며 라이브 공연에 귀를 기울일 수 있는 천재일우의 기회였다. 1981년의 웸블리 스타디움 공연 정도는 아니겠고, 리치도 이제는 스물다섯 살의 청년이 아니라 쉰세 살의 중년이었지만, 홀리의 공연을 볼 수 있다는 생각만 떠올려도 등골이 찌르르하는 듯한 흥분이 되살아나는 것을 느꼈다. "자, 리치. 가자고." 그는 작게 중얼거렸다. 지금 당장 안 가면 결국 꽁무니를 뺄 게 불을 보듯 뻔했다.

리치는 공연장인 서프볼룸에 일찌감치 도착했을 뿐만 아니라 공짜로 입장할 수 있었다. 젊은 관객의 '부모'들이 오면 게스트 자격으로 무료 입장시켜주는 지배인 캐럴 앤더슨의 방침 덕이었다. 아무리 혈기 왕성한 젊은이들이라도 자기가 있으면 사고 칠 염려가 없으니 부모님들은 걱정 말라는 식이다. 리치가 가져온 오픈릴 테이프 녹음기를 본 앤더슨은 그 작은 크기와 높은 재생 음질에 감탄을 금하지 못했고, 리치가 '나중에 아이들에게 들려주기 위해' 라이브 공연을 녹음하고 싶다고 하자 기꺼이 허락했다. 아무 문제도 없었다.

문제는 나중에 발생했다.

음향 기기 전문가가 아닌 이상, 그 누구도 우허 녹음기의 성능이 이 시대의 수준을 훌쩍 뛰어넘는다는 사실을 알아차릴 리가 없다고 안심하고 있었다. 빌어먹을, 홀리가 음향 기기의 전문가였다는 걸 예상하지 못한 건 리치의 잘못이 아니다. 물론 홀리는 1960년대에 스튜디오 녹음을 하면서 이 분야의 천재로 이름을 날렸지만, 지금은 웅얼웅얼하는 남부 사투리도 아직 빠지지 않은 텍사스 촌구석 출신의 스물두 살 젊은이에 불과하지 않은가. 왜 골드로젠 그 인간의 망할 전기에는 홀리가 열일곱 살 때부터 스튜디오 녹음에 심취했다는 이야기가 없었던 걸까?

안경을 쓰고 드럼을 두들기던 홀리가 자꾸 이쪽을 바라본다는 사실을 리치가 알아차린 것은 첫 번째 세트의 세 번째 곡이 끝나기도 전이었다. 드럼 연주를 마친 홀리가 이번에는 자기 밴드와 함께 무대에 올라 본격적인 공연을 시작했을 무렵, 홀리가 리치에게 주목하고 있다는 사실은 누가 봐도 명백했기 때문에 주위의 젊은 팬들 사이에 녹아드는 것은 불가능했다. 홀리가 리치더러 무대 한복판으로 오라고 손짓하자, 공연장에 운집한 젊은 팬들은 그들의 우상의 주의를 끈 이름 모를 인물을 위해 기꺼이 길을 터주었다. 버디 홀리는 리치의 마이크에 입을 갖다 대고 히트곡인 〈레이브 온Rave On〉의 두 소절을 불렀고, 세트가 끝나자 청중에게 오늘 밤 공연 실황은 뉴욕의 대형 라디오 방송국에 의해 녹음될 예정이니 정말 운이 좋으면 자기 환호 소리를 라디오에서 들을 수 있을지 모른다고 선언했다.

음향 기술에만 빠삭한 게 아니라 농담에도 일가견이 있는 듯했다. 공연이 끝난 후 홀리의 요청을 받은 밴드 멤버들은 주저하는 리치를 무대 뒤의 대기실로 데려가서 녹음 테이프를 틀게 했다. 리치는 우허 녹음기가 유럽에서 생산된 최신 제품이라고 얼버무렸다. 리치 본인은 시내에서 라디오 수리점을 경영하는데, 독일에서 군 복무 중인 동생이 생일 선물로 녹음기를 보내줬다는 시나리오였다.

모두들 그 이야기를 믿어준 기색이었다. 문제는 홀리가 녹음기를 사고 싶어 한다는 점이었다. 그게 아니라면 테이프라도 팔아달라고 졸랐다. 고향인 러벅에서 보비 피플스의 차고를 빌려

J. I.와 함께 녹음했던 노래에 거의 맞먹을 정도로 음질이 좋아서 탐이 납니다. 그러고 보니 보비 그 친구는 지금 뭘 하고 있을까?

녹음기는 어떤 상황에서도 사수해야 한다는 사실을 리치는 잘 알고 있었다. 약 한 시간 후면 릴테이프는 리치 자신과 녹음기와 함께 '비스트'에 의해 자동으로 회수될 예정이었다. 따라서 홀리가 녹음기를 건네받아서 자기 짐 깊숙한 곳에 넣어둔다고 해도 아침이 되면 전부 감쪽같이 사라져 있을 것이다. 추적 자체가 불가능하다는 뜻이다. 하지만 어떤 분야든 전문 지식을 갖춘 인물에게 지금으로부터 6년 뒤 미래에 만들어질 기계를 자세히 훑어볼 기회를 줄 생각은 추호도 없었다.

투어 매니저가 와서 버스가 떠날 준비가 되었음을 알렸다. 홀리는 테이프를 더 듣고 싶어 했다. 그는 캐럴 앤더슨을 불렀다. 전에 했던 그 이야기 말인데, 지금도 가능할까요? 앤더슨은 어깨를 으쓱하더니, 몇 군데 전화를 걸어본 결과 메이슨시티 공항에 있는 로저 피터슨이라는 조종사와 연락이 닿았다고 대답했다. 홀리가 정말로 원한다면 소형기에 세 명까지 태우고 무어헤드까지 날아갈 수도 있지만, 오늘 밤은 기상 상황이 좋지 않다는 게 문제였다. 그런데 홀리, 마음이 바뀌어서 오늘은 버스를 타고 가겠다고 했잖아?

압니다, 알아요. 근데 또 마음이 바뀌었습니다. 한 30분쯤 이 테이프를 듣고 싶어서 그래요. 어차피 코감기 기운이 있는 것

같기도 하고. 그러니까 앤더슨 씨, 다시 전화를 걸어서 그 소형기를 전세 내주실 수는 없을까요? 그런 다음엔 공항까지 차로 데려다주시기만 하면 됩니다. 버스는 지금 떠나라고 하십쇼. 600킬로미터를 가려면 다들 좀 고생하겠지만, 홀리 본인은 두 시간 뒤에 따뜻한 침대에서 푹 잘 수 있을 것이다.

가급적 눈에 안 띄려고 노력하던 리치는 미간을 찡그렸다. 뭔가 이상하다. 젊은 홀리는 영리한 티가 풀풀 났다. 남부 신사답게 예의 바른 청년이지만, 그가 '개구리'라고 속삭이면 누구든 껑충 뛰어오를 거라는 확신이 드는 건 왜일까. 그러나 문제는 그게 아니었다. 리치는 머리를 맑게 하려고 세차게 흔들었다. 기분이 이상하다. 이유가 뭘까? 아, 그렇다. **버디 홀리 전기에 오늘 밤 비행기를 타고 이동한다는 이야기는 없었다. 홀리가 비행기를 잡아 타는 것은 감기 때문에 투어를 중단하는 내일 밤의 일이다.** 이 사실이 당혹스러운 나머지 홀리의 동료들이 아웅다웅하는 소리에는 거의 신경을 기울이지 않았다. 소란은 리치와 이름이 같은 리치 발렌스와 거구의 빅 바퍼가 홀리와 함께 대기실에 남고, 나머지 동료들이 버스를 타러 나간 뒤에야 멎었다.

이제는 여길 빠져나가야 한다. 하지만 어떻게? 리치는 테이프를 잇달아 재생하면서 '비스트'에게 회수당하기 전에 빠져나갈 방법을 찾아보려고 필사적으로 머리를 굴렸다. 앤더슨이 차를 몰고 돌아오자 리치는 안도한 나머지 홀리의 손바닥 위에 테이프들을 던지고 그냥 가지라고 말한 다음 부리나케 주차장 모퉁이를 돌아 모습을 감췄다. '프로젝트'가 원하는 것만큼 은밀하게 행동하지는 못했다는 안 좋은 예감이 들었다. 사실, 리치의 기분은 최악이었다. 리치는 벽에 등을 기댔고, 다리 힘이 풀리면서 그대로 주저앉았다. 정말로 기분이 이상하다.

그와 우허 녹음기는 안개처럼 희미해지다가 곧 사라졌지만 그 광경을 목격한 사람은 없었다.

모든 것은 오디오 큐브에서 시작되었다. 자택의 스튜디오에서 비틀즈 전집에 귀를 기울이던 리치 제프리스는 이런 기술의 혜택을 끝내 누리지 못한 모든 위대한 아티스트들을 떠올렸다. 벽에 걸린 잡다한 로큰롤 기념물들을 훑던 그의 시선이 포스터 크기로 확대해서 액자에 끼운 신문 기사 스크랩 위에 꽂혔다. 1959년에 아이오와 클리어레이크에서 공연을 마치고 비행기로 이동하던 중에 추락 사고로 사망한 세 명의 로큰롤 가수들에 관한《클리어레이크 미러 리포터》의 기사였다. 버디 홀리. 모든 기록이 보여주듯이, 버디 홀리 같은 전문가라면 그 어떤 녹음 매체라도 자유자재로 활용했을 것이다. 하지만 그는 추락 사고로 22세의 젊은 나이에 요절했고, 그의 커리어도 그렇게 끝났다.•

• 우리 현실에서는 실제로 그렇게 되었다—옮긴이 주.

물론 아직 안 죽은 유명 아티스트들도 있지만 활동을 안 하니 죽은 것과 별로 다르지 않았다. 알려지지 않았다 뿐이지 이미 사망한 경우도 있을 것이다. 헤드라인 기사로 뭘 넣을지 고민하는 기자들에게 매년 유용한 소재를 제공해주는 로큰롤의 영원한 수수께끼는 존 레논의 생존 여부였다. 이번 달 기사 제목에 오른 아티스트가 누구였더라? 팝의 그레타 가르보? 록의 하워드 휴스? 하여튼 간에, 오노 요코가 건설한 비즈니스 제국은 오래전 그녀가 죽은 뒤에도 계속 기능했고, 변호사들에 의하면 레논은 아직 살아 있었다. 1970년대 중반 이후에는 공연을 한 적이 없고, 1999년 요코의 장례식을 치른 뒤에는 아예 대중 앞에 모습을 드러내지 않았지만 말이다.

흠, 이러면 어떨까. 리치는 스카치 위스키를 홀짝거리며 생각했다. 만약 레논이 1980년대에도 노래를 몇 편 녹음했고, 그 퀄리티가 1980년대 이전에 그가 내놓았던 것의 반이라도 된다고 치자. 최신 기술을 이용해서 그런 곡들을 리마스터링한다면 적어도…… 흐음, 적어도 에릭 클랩튼이 했던 것 못지않은 결과물을 낼 수 있겠군.

문제는 1980년에 레논은 아무 녹음도 하지 않았다는 사실이었다. 누군가가 맨해튼의 다코타 빌딩에 은둔 중인 레논을 찾아가서—1979년 중반쯤이 좋겠다—그와 잡담을 나누고, 그를 설득하면 어떨까. 스튜디오로 돌아가서 음악을 하자고 말이다.

믹싱 데크 앞에서 반쯤 눈을 감고 늘어져 있던 리치는 갑자기 벌떡 몸을 일으켜 앉았다. 졸음기는 온데간데없었고, 완전히 각성한 상태였다. **만약에 내가**……

따뜻한 연구실과 충분한 커피를 비롯한 편의를 꾸준하게 제공해준 서식스대학교에 다시 한번 감사의 말씀을 드린다. 시간 및 시간여행의 성질에 대한 나의 관심은 유년 시절로까지 거슬러 올라가기에 이 주제에 관해 나와 유익한 논의를 나눈 지인과 동료는 일일이 열거할 수 없을 정도로 많지만, 과학계에서는 폴 데이비스Paul Davies, 문학계에서는 더글러스 애덤스Douglas Adams에게 특별히 감사드린다. 나머지 친구들도 모두 고맙네!

옮긴이의 말

기원전 6세기 그리스 철학자 페레키데스의 크로노스χρόνος에서 출발한 서양철학의 시간 개념은 1687년 아이작 뉴턴의《자연철학의 수학적 원리》에 이르러서 불변의 객관적 실체를 가진 절대시간과 절대공간의 원리로 확장되었다. 그러나 뉴턴의 이런 주장은 발표 당시에도 역학적인 관점에서 비판의 대상이 되었고, 20세기 들어서는 시간과 공간을 분리된 실체가 아닌 연속적인 시공간으로 규정한 아인슈타인에 의해 적어도 물리학 이론으로서는 완전히 부정되었다는 것이 중론이다.

1905년에 발표된 특수상대성이론이 인간이 직접적으로 지각할 수는 없는 현상인 시간과 공간을 조작주의적으로 정의하려는 학술적 시도의 일환이라면, 1895년 영국 작가 허버트 조지 웰스의 대표작《타임머신》은 시간 자체를 실제로 '조작 가능한' 현상으로 묘사함으로써 시간여행 개념에 대해 단순한 신화적 몽상을 넘어 명확한 문학적·문화적 실체를 부여한 고전으로 평가받는다.

웰스는 《타임머신》뿐만 아니라 《우주 전쟁》(1898), 《모로 박사의 섬》(1896), 《투명 인간》(1897) 등의 고전들을 통해 근대 SF의 초석을 쌓은 것으로 평가받는다. 그에 대한 학술적 연구는 주로 과학 로맨스Scientific Romance의 형식을 빌려 빅토리아 시대의 사회상을 예리하게 비판한 문명 비평가로서의 활동에 초점을 맞춘 문화사적인 담론이지만, 이 책 《시간의 물리학: SF가 상상하고 과학이 증명한 시간여행의 모든 것》은 웰스가 처음 제시한 시간여행의 가능성 또는 불가능성을 아인슈타인의 상대성이론의 입장에서 극명하게 탐구했다는 점에서 관련 서적 중에서도 매우 특이한 위치를 점하고 있다. 특히 웰스 이후에 발표된 영어권의 주요 시간여행 소설들을 예로 들어 독자의 이해를 돕고 있다는 점이 독특한데, 20세기 SF의 사고실험과 첨단과학을 구사한 시간 연구가 불가분의 관계에 있다는 사실을 감안한다면 이것은 (적어도 현시점에서는) 선택이라기보다 필연에 가깝다.

저자인 존 그리빈이 케임브리지대학교에 재학하던 시절 그의 스승이었던 프레드 호일 경은 정상우주론을 제창한 세계적인 이론물리학자인 동시에 하드 SF 분야에서도 손꼽히는 고전 《10월 1일은 너무 늦다》를 쓴 저명한 SF 작가이기도 했다. 그런 그가 제시한 '비둘기집'의 비유는 블록우주론, 즉 우주는 "얼어붙은 세계선들의 집합"이라는 결정론적 시공 이론을 상징하는 표현으로서 이 책에서도 여러 번 언급되는데, 덧붙이자면 이것은 호일 본인의 의견이라기보다는 데이비드 도이치나 줄리언 바버의 시간 이론 바탕에 흐르는 영원주의적Eternalism● 해석 쪽에 무게를 두는 그리빈 본인의 상대론적 성향에서 비롯된 것으로 보인다.

김상훈 (SF 평론가, 번역가)

● 글자 그대로 과거에서 미래에 이르는 모든 사건들이 블록을 이루며 영원히 이어진다는 결정론적 주장이며, 이에 반해 현재주의(Presentism)는 오직 현재만이 존재한다는 전통적인 관점이다.

똑똑한 사람들이 쓴 관련 서적

Al-Khalili, Jim, *Black Holes, Wormholes and Time Machines*, Institute of Physics, Bristol, 1999(짐 알칼릴리,《알칼릴리 교수의 블랙홀 교실: 블랙홀, 웜홀, 타임머신의 물리학》, 이경아 옮김, 사이언스북스, 2007).

Anderson, Poul, *Tau Zero*, new edition, Gateway, 2006.

Barbour, Julian, *The End of Time*, Weidenfeld & Nicolson, London, 1999.

Bell, John, *Speakable and Unspeakable in Quantum Mechanics*, Cambridge University Press, 1987.

Benford, Gregory, *Cosm*, Orbit, London, 1998.

______________, *Timescape*, Simon & Schuster, New York, 1980.

Bradbury, Ray, 'A Sound of Thunder', in *The Stories of Ray Bradbury*, Knopf, New York, 1980(레이 브래드버리, 〈우렛소리〉,《레이브래드버리: 태양의 황금 사과 외 31편》, 조호근 옮김, 현대문학 2015).

Clarke, Arthur C., *Childhood's End*, Ballantine, New York, 1953(아서 C. 클라크,《유년기의 끝》, 정영목 옮김, 시공사, 2016).

Clegg, Brian, *Light Years and Time Travel*, Wiley, New York, 2001.

Davies, Paul, *About Time*, Viking, London, 1995.

__________, *The Runaway Universe*, HarperCollins, London, 1978.

De Camp, L. Sprague, *Lest Darkness Fall*, Holt, New York, 1941(스프레이그 드 캠프, 《암흑을 저지하라》, 안태민 옮김, 불새, 2015).

Deutsch, David, *The Fabric of Reality*, Allen Lane, London, 1997.

Dick, Philip K., *Counter-Clock World*, Berkley Medallion, New York, 1967.

____________, *The Man in the High Castle*, Gollancz, London, 1975(필립 K. 딕, 《높은 성의 사내》, 남명성 옮김, 폴라북스, 2011).

Epstein, Lewis Carroll, *Relativity Visualized*, Insight Press, San Francisco, 1987.

Gerrold, David, *The Man Who Folded Himself*, Faber, London, 1973.

Gott, Richard, *Time Travel in Einstein's Universe*, Houghton Mifflin, Boston, 2001(J. 리처드 고트, 《아인슈타인 우주로의 시간여행》, 박명구 옮김, 한승, 2003).

Haldeman, Joe, *The Forever War*, Orbit, London, 1976(조 홀드먼, 《영원한 전쟁》, 김상훈 옮김, 황금가지, 2016).

Harrison, Harry, *Technicolor Time Machine*, Orbit, London, 1976.

Heinlein, Robert A., '"—All You Zombies—"', in *The Best of Robert Heinlein 1947–59*, Sphere, London, 1973(로버트 A. 하인라인, 〈너희 모든 좀비는…〉, 《너희 모든 좀비는》, 조호근 옮김, 아작, 2023).

_______________, 'By His Bootstraps', in *The Astounding-Analog Reader Book One*, edited by Harry Harrison and Brian Aldiss, Sphere, London, 1973(로버트 A. 하인라인, 〈자신의 구두끈을 당겨서〉, 《자신의 구두끈을 당겨서: 로버트 A. 하인라인 중단편 전집 6》, 배지훈·최세진 옮김, 아작, 2023).

Herbert, Nick, *Faster Than Light*, Plume, New York, 1988.

Hoyle, Fred, *October the First is Too Late*, Heinemann, London, 1966.

Kaku, Michio, *Hyperspace*, Oxford University Press, New York, 1994(미치오 카쿠,《초공간: 평행우주, 시간왜곡, 10차원 세계로 떠나는 과학 오디세이》, 박병철 옮김, 김영사, 2018).

Kaufmann, William, *The Cosmic Frontiers of General Relativity*, Little, Brown, Boston, 1977.

Moorcock, Michael, *Behold the Man*, Mayflower, London, 1970(마이클 무어콕,《이 사람을 보라》, 최용준 옮김, 시공사, 2013).

Moore, Ward, *Bring the Jubilee*, Avon, New York, 1976.

Nahin, Paul, *Time Machine Tales*, Springer, London, 2017.

Nicholls, Peter(ed.), *Explorations of the Marvellous*, Fontana, London, 1978.

Nimtz, Günter and Haibel, Astrid, *Zero Time Space*, Wiley-VCH, Weinheim, 2008.

Niven, Larry, *A World Out of Time*, Macdonald & Jane's, London, 1977.

Novikov, Igor, *The River of Time*, Cambridge University Press, 1998.

Pickover, Clifford, *Time: A Traveller's Guide*, Oxford University Press, 1999(클리퍼드 픽오버,《TIME 시간여행 가이드》, 구자현 옮김, 들녘, 2004).

Pohl, Fred and Kornbluth, Cyril, *Wolfbane*, Ballantine, New York, 1959.

Pohl, Fred, *The Coming of the Quantum Cats*, Bantam, New York, 1986.

Priest, Christopher, *The Space Machine*, Faber, London, 1976.

Roberts, Keith, *Pavane*, Hart-Davies, London, 1968(키스 로버츠,《파반》, 김미정 옮김, 사람과책, 2012).

Sagan, Carl, *Contact*, Simon & Schuster, New York, 1951(칼 세이건,《콘택트 1·2》, 이상원 옮김, 사이언스북스, 2001).

Simak, Clifford, *Time and Again*, Simon & Schuster, New York, 1951.

Smolin, Lee, *The Life of the Cosmos*, Weidenfeld & Nicolson, London, 1997.

Thorne, Kip, *Black Holes and Time Warps*, Norton, New York, 1994(킵 손,《블랙홀과 시간여행》, 박일호 옮김, 오정근 감수, 반니, 2019).

Wells, H. G., *The Time Machine*, Penguin Classics, London, 2005(first published 1895).

Will, Clifford, *Was Einstein Right?*, Basic Books, New York, 1986.

Williamson, Jack, *The Legion of Time*, Sphere, London, 1977.

Wyndham, John(Parkes, Lucas), *The Outward Urge*, Penguin, London, 1962.

내가 쓴 관련 서적

논픽션

Computing With Quantum Cats, Bantam, London, 2013.

Einstein's Masterwork, Icon, London, 2015.

In Search of the Edge of Time, Bantam, London, 1992.

In Search of the Multiverse, Allen Lane, London, 2009.

The Time Illusion, Kindle eBook, 2017.

Time and the Universe(with Gribbin, Mary), Hodder, London, 1997(존 그리빈·메리 그리빈,《시간이 시시각각: 앗, 이렇게 새로운 과학이! 31》, 정영문 옮김, 주니어김영사, 2000).

Time Travel for Beginners(with Gribbin, Mary), Hodder Children's Books, London, 2008.

Timewarps, Sphere, London, 1979.

소설

Brother Esau(with Orgill, Douglas), Bodley Head, London, 1982.

Don't Look Back(collection), Elsewhen Press, London, 2017.

Double Planet(with Chown, Marcus), Gollancz, London, 1988.

Father to the Man, Gollancz, London, 1989.

Innervisions, Penguin, London, 1993.

Ragnarok(with Compton, David), Gollancz, London, 1991.

Reunion(with Chown, Marcus), Gollancz, London, 1991.

The Alice Encounter, PS Publishing, Hornsea, 2011.

The Sixth Winter(with Orgill, Douglas), Bodley Head, London, 1979.

Timeswitch, PS Publishing, Hornsea, 2009.

전기

Not Fade Away: The Life and Music of Buddy Holly, Icon, London, 2009.

이미지 출처

그림 3 ⓒWikimediaCommons, Creative Commons Attribution 4.0 International

그림 4 ⓒWikimediaCommons, Creative Commons Attribution-ShareAlike 3.0 Unported

그림 7 ⓒWikimediaCommons, Creative Commons Attribution-ShareAlike 3.0 Unported

그림 10 ⓒWikimediaCommons, Creative Commons Attribution 4.0 International

그림 11 ⓒWikimediaCommons, Creative Commons Attribution-ShareAlike 3.0 Unported

그림 12 ⓒWikimediaCommons, Creative Commons Attribution 4.0 International

그림 14 ⓒWikimediaCommons, Creative Commons Attribution 4.0 International

지은이 존 그리빈John Gribbin

영국의 과학저술가이자 천체물리학자. 서식스대학교에서 물리학 학사와 천문학 석사를, 케임브리지대학교에서 천체물리학 박사학위를 받았다. 현재 서식스대학교의 명예 선임연구원이다.

《네이처》, 《뉴 사이언티스트》 등에서 일했고 《인디펜던트》, 《타임스》, 《가디언》 등에 글을 써왔다. 《네이처》와 《스펙테이터》가 선정한 '최고의 과학저술가'이며 영국 왕립문학학회 회원이다. 지은 책으로 《슈뢰딩거의 고양이를 찾아서》, 《과학을 만든 사람들》, 《진화의 오리진》 등이 있으며, 《이토록 기묘한 양자》는 2019년 영국왕립학회가 수여하는 과학도서상의 최종 후보였다.

SF에 매력을 느껴 물리학의 길에 발을 들인 존 그리빈은 《시간의 물리학》에서 SF의 단골 소재이자 현대 물리학의 최대 난제인 '시간'에 대해 본격적으로 파헤친다. 시간여행은 우주여행과 마찬가지로 진지한 과학의 대상으로서 과학자들의 면밀한 검토 대상이 되어왔다. 이 책은 SF 속의 아이디어가 어떻게 물리학적 사고실험으로 기능할 수 있는지를 흥미롭게 밝혀낸 결과물이다.

옮긴이 김상훈

SF 및 환상문학 평론가이자 번역가. 필명은 강수백이다. '그리폰북스', '경계소설 선집', 'SF총서', '필립 K. 딕 걸작선', '미래의 문학', '조지 R. R. 마틴 걸작선'을 기획하고 번역했다. 주요 번역 작품으로는 테드 창의 《당신 인생의 이야기》, 《숨》, 그렉 이건의 《내가 행복한 이유》, 《쿼런틴》, 《대여금고》, 필립 K. 딕의 《화성의 타임슬립》, 《파머 엘드리치의 세 개의 성흔》, 《유빅》, 《필립 K. 딕의 말》, 로저 젤라즈니의 《신들의 사회》, 《전도서에 바치는 장미》, 로버트 A. 하인라인의 《스타십 트루퍼스》, 조 홀드먼의 《영원한 전쟁》, 《헤밍웨이 위조사건》, 로버트 홀드스톡의 《미사고의 숲》, 크리스토퍼 프리스트의 《매혹》, 이언 뱅크스의 《말벌 공장》, 새뮤얼 딜레이니의 《바벨-17》, 콜린 윌슨의 《정신기생체》, 카를로스 카스타네다의 '돈 후앙의 가르침' 3부작, 존 설리의 《인간이라는 기계에 관하여》 등이 있다.

Translated by Kim, Sang-hoon

시간의 물리학

SF가 상상하고 과학이 증명한 시간여행의 모든 것

1판 1쇄 발행일 2024년 4월 1일

지은이 존 그리빈
옮긴이 김상훈

발행인 김학원
발행처 (주)휴머니스트출판그룹
출판등록 제313-2007-000007호(2007년 1월 5일)
주소 (03991) 서울시 마포구 동교로23길 76(연남동)
전화 02-335-4422 **팩스** 02-334-3427
저자·독자 서비스 humanist@humanistbooks.com
홈페이지 www.humanistbooks.com
유튜브 youtube.com/user/humanistma **포스트** post.naver.com/hmcv
페이스북 facebook.com/hmcv2001 **인스타그램** @humanist_insta

편집주간 황서현 **기획** 최현경 **편집** 정일웅 **디자인** 김태형
조판 아틀리에 **용지** 화인페이퍼 **인쇄** 청아디앤피 **제본** 민성사

ISBN 979-11-7087-119-4 03420